ABITUR-TRAINING
BIOLOGIE

Bartl • Meinhard • Moisl

Biologie 1

Genetik, Stoffwechsel, Ökologie
Grundkurs

7 euro

STARK

Umschlagbild: Julius Ecke, München; info@julius-ecke.de

ISBN-13: 978-3-89449-184-0
ISBN-10: 3-89449-184-1

D-85318 Freising · Postfach 1852 · Tel. (08161) 1790
v 06-10

Inhalt

(Fortsetzung nächste Seite)

Autoren: Siegmund Bartl, Brigitte Meinhard, Franz Moisl †

Vorwort

Liebe Kollegiatin, lieber Kollegiat,

mit dem vorliegenden Trainingsband halten Sie ein **kompaktes Repetitorium** in Händen, das dem Curricularen Lehrplan folgt, der derzeit für den Grundkurs Biologie in Bayern gültig ist. Er enthält den **gesamten prüfungsrelevanten Unterrichtsstoff** der 12. Jahrgangsstufe.

Sein vorrangiges Anliegen ist es, Sie bei der **Vorbereitung auf Klausuren** sowie das **Abitur** zu unterstützen und den einmal gehörten Lehrstoff in ein sicheres und abrufbares Wissen zu verwandeln. Dieses Ansinnen spiegelt sich auch in seinem Aufbau wider:

- In einem **Fakten-Teil** wird der Wissensstoff leicht verständlich vermittelt und anhand von zahlreichen **Beispielen** und **Abbildungen** veranschaulicht.
- Merksätze und Zusammenfassungen nach jedem Kapitel erleichtern Ihnen den schnellen Zugriff auf die wesentlichen Lerninhalte.
- Die **Aufgaben** am Ende jedes Kapitels ermöglichen Ihnen die Anwendung des erworbenen Wissens. Die Aufgaben entsprechen hinsichtlich ihrer Thematik und ihres Schwierigkeitsgrades den Abituraufgaben im Grundkurs und decken den gesamten Lehrplan ab.
- Anhand der **Lösungen** können Sie umgehend die Richtigkeit Ihrer Antworten überprüfen.
- Das **Stichwortverzeichnis** ermöglicht es Ihnen, jederzeit schnell auf den Inhalt des Bandes zugreifen zu können.

Die Autoren wünschen Ihnen viel Erfolg bei der Arbeit mit diesem Band und vor allem bei Ihren Prüfungen!

Zellbiologische Grundlagen der Vererbung

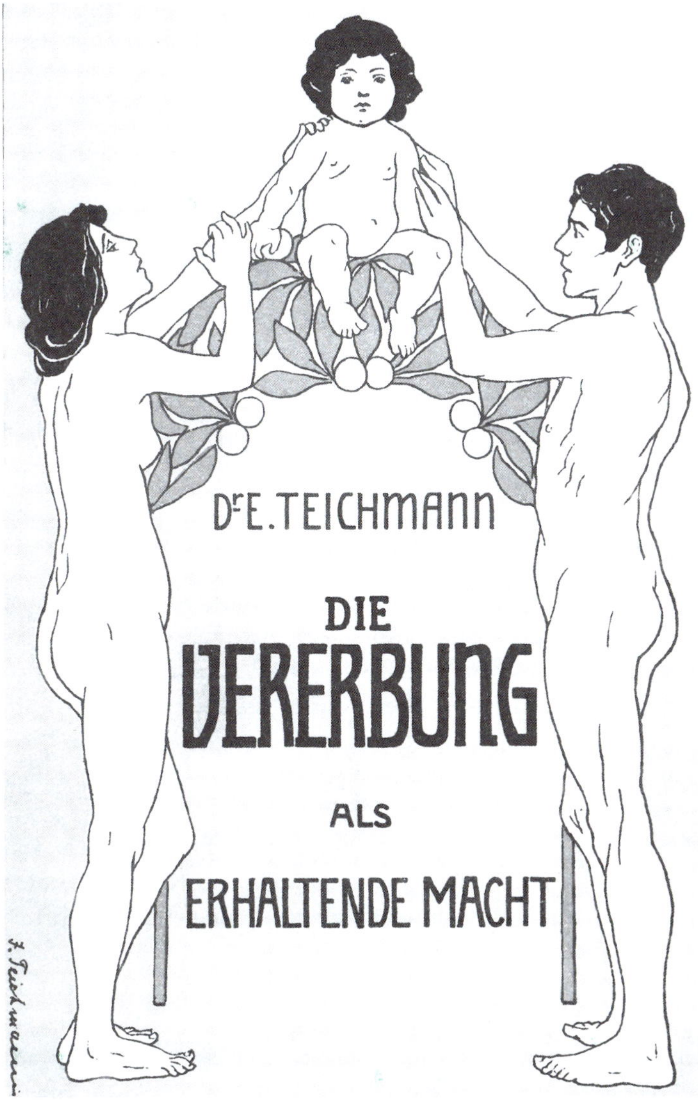

Beratungsschrift für Familienplanung aus dem Jahre 1906

1 Chromosomen als Träger der genetischen Information

Durch Vergleich der Ergebnisse aus Kreuzungsexperimenten und Zellforschung kam man zu der Schlussfolgerung, dass die Chromosomen die Träger der Erbinformation sind (siehe S. 20 f.).
Entdeckt wurden die Chromosomen bereits um 1850 als gut färbbare Körperchen innerhalb des Zellkerns von Tieren und Pflanzen während der Zellteilung (genauer: während der Metaphase der Mitose, siehe S. 5). Daher stammt auch ihr Name: *chroma* (griech.: Farbe) und *soma* (griech.: Körper). Chromosomen liegen während der Zellteilung in einer kompakten und damit im Lichtmikroskop sichtbaren „Transportform" vor.
Ein Chromosom besteht aus zwei identischen Längshälften (**Chromatiden**), die am Zentromer (Kinetochor oder Spindelfaseransatzstelle) zusammenhängen.

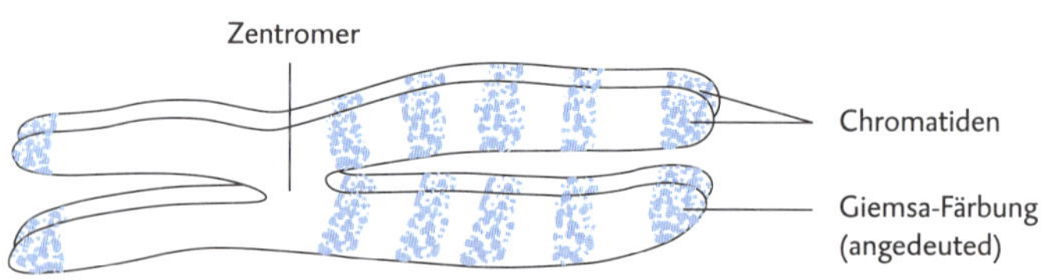

Abb. 1: Schematische Darstellung eines Metaphase-Chromosoms

Aufgrund unterschiedlicher Färbemuster (Giemsa-Färbung) ist es bei 1 000facher Vergrößerung möglich, die einzelnen Chromosomen voneinander zu unterscheiden. Während Bakterienzellen (prokaryontische Zellen) nur ein „(Ring-) Chromosom" (ringförmiges DNA-Molekül ohne assoziierte Proteine) im Zytoplasma vorliegen haben, schwankt die Zahl der Chromosomen im Zellkern von Tier- und Pflanzenzellen (eukaryontische Zellen, Euzyten) zwischen zwei und 500.
Im Elektronenmikroskop wird die Feinstruktur der Chromosomen von eukaryontischen Zellen sichtbar. Die Grundstruktur ist ein **Nukleoproteinfaden** von 100 Å (= 100 nm = 10^{-6} cm) Durchmesser. Eine perlenkettenartige Aufreihung von Proteinen (**Nukleosomen**, aus jeweils acht Histon-Untereinheiten aufgebaut) ist vom DNA-Doppelstrang umwunden (**Elementarfaden**).
In der „Transportform" sind die Elementarfäden zu einer Überstruktur spiralisiert, vergleichbar einem Telefonhörerkabel. Diese Faser von 300 Å Durchmesser wird durch umhüllende **Histonproteine** stabilisiert.

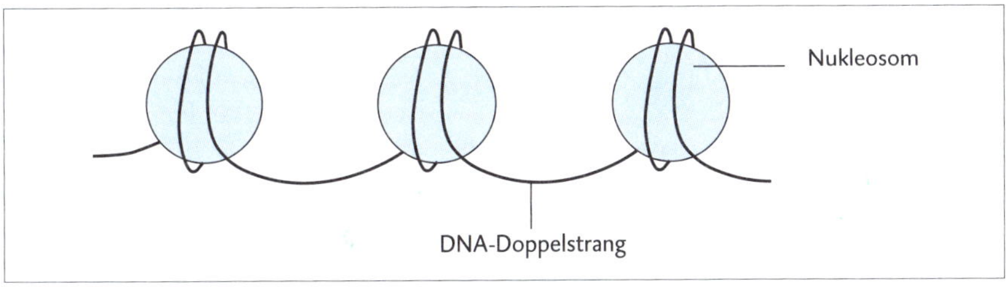

Abb. 2: Aufbau eines Elementarfadens

1.1 Allgemeine Merkmale von Chromosomenbeständen

Der Chromosomenbestand ist in der Regel **diploid** (2n), d. h. die Chromosomen treten paarweise, also in gerader Anzahl auf. Alle Körperzellen enthalten den diploiden Chromosomensatz, der bei der Befruchtung durch die Verschmelzung von **haploiden** (n) Keimzellen von Vater und Mutter entsteht. Die jeweils vergleichbaren Chromosomen von Vater und Mutter nennt man **homolog**.

Die Anzahl der Chromosomen pro Zelle ist innerhalb einer Art gleich und bei Unterarten häufig ein Vielfaches (3-, 4facher Chromosomensatz). In der „Transportform“ wird an den vergleichbaren Bandenmustern sichtbar, dass alle Individuen einer Art den gleichen Satz an Chromosomen besitzen.

Es besteht kein Zusammenhang zwischen der Anzahl der Chromosomen und der Organisationshöhe der Lebewesen. So hat eine Kartoffel 48 Chromosomen, ein Einsiedlerkrebs 254, der Mensch aber nur 46. Die Zahl der Chromosomen ist dabei meist umgekehrt proportional zu ihrer Größe.

Chromosomenbestand des Menschen

Zur Chromosomendarstellung wird die Zellteilung (Mitose) von Lymphozyten durch Zugabe von Colchicin, das die Ausbildung des Spindelapparates verhindert, gestoppt. Eine hypotone Salzlösung bewirkt, dass die Zellen durch Wasseraufnahme platzen (osmotischer Schock). Nach Fixierung und Färbung werden die Metaphase-Chromosomen bei etwa 1 000facher Vergrößerung fotografiert. Aus dem Fotobild ausgeschnitten, können sie paarweise nach Länge, Form und Lage des Zentromers geordnet werden. Das geordnete Chromosomenbild heißt **Karyogramm**.

Der Chromosomensatz des Menschen besteht aus 23 Chromosomenpaaren (n = 23, 2n = 46). 22 davon sind bei Mann und Frau identisch und werden deshalb als Körperchromosomen (**Autosomen**) bezeichnet. Im Karyogramm sind sie nach abnehmender Größe geordnet und entsprechend ihrer Metaphase-Form in Gruppen (A–G) unterteilt.

In den Geschlechtschromosomen (**Gonosomen**) unterscheiden sich Mann und Frau:

- Die Frau hat zwei gleiche Gonosomen (XX).
- Der Mann hat unterschiedliche Gonosomen (XY).

Während das X-Chromosom viele „geschlechtsgebundene" Gene enthält, trägt das Y-Chromosom außer den Faktoren zur Geschlechtsbestimmung des Mannes kaum noch weitere genetische Information.

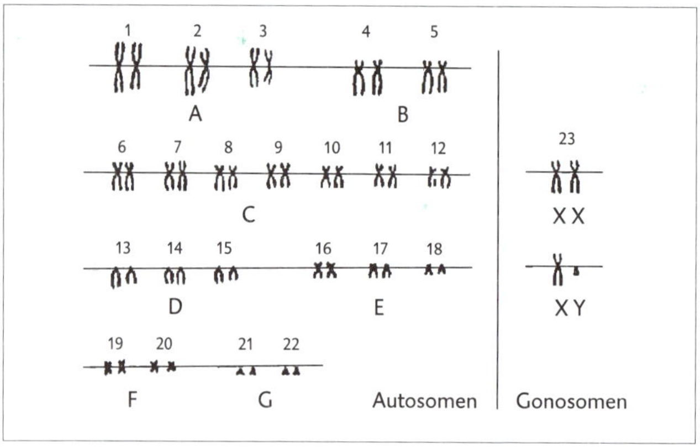

Abb. 3: Karyogramm des Menschen in schematischer Darstellung

> Im **Karyotyp** wird das Karyogramm kurz durch die Gesamtchromosomenzahl und die Angabe der Geschlechtschromosomen dargestellt:
> - für den (normalen) Mann: 46, XY;
> - für die (normale) Frau: 46, XX.

1.2 Mitose und Meiose

Zwischen den Zellteilungen liegen die Chromosomen als lange, dünne Fäden geknäuelt im Zellkern vor, sodass sie lichtmikroskopisch nicht identifiziert werden können. In dieser Form kann ihre Information abgelesen und von der Zelle realisiert (verstofflicht) werden – deshalb die Bezeichnung „Arbeitskern". Beginnt die Zelle sich durch Teilung zu verdoppeln, verkürzen sich die Chromosomen durch Spiralisierung der Chromatiden in die „Transportform" und werden dadurch sichtbar.

Mitose

Als Mitose bezeichnet man den Vorgang der **Kernteilung**, der der Bildung von Tochterzellen mit identischen Chromosomen und damit identischer genetischer Information (bezogen auf die Elternzelle) vorausgeht.

Die **Mitose** sichert die vollständige und unveränderte Weitergabe der Erbsubstanz an alle Tochterzellen während der Entwicklung eines Lebewesens.

Der Ablauf der Mitose lässt sich in einzelne Phasen unterteilen (hier schematisch anhand zweier homologer Chromosomenpaare dargestellt):

1 **Prophase**

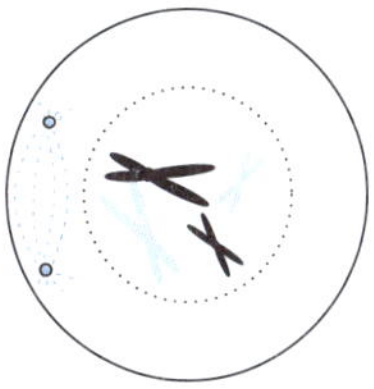

- Durch Spiralisierung verkürzen sich die Chromosomen. Dabei werden die beiden Längshälften (Chromatiden) sichtbar.
- Das Zentriol teilt sich in zwei Polkörperchen zur Bildung der Kernspindel (nur in der tierischen Zelle).
- Kernmembran und Kernkörperchen (Nukleolus) lösen sich auf.

2 **Metaphase**

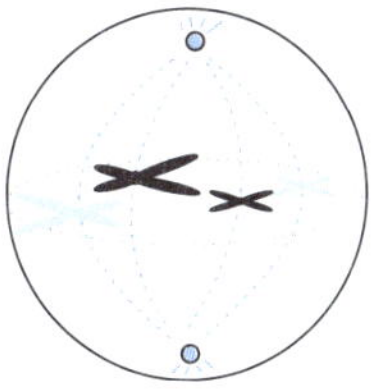

- Die Kernspindelfasern heften sich – ausgehend von den Polkörperchen beim Tier bzw. der Polkappe bei der Pflanze – an die Zentromeren der Chromosomen.
- Dadurch bewirken sie die Anordnung der maximal verkürzten Chromosomen in der Äquatorialebene.

3 **Anaphase**

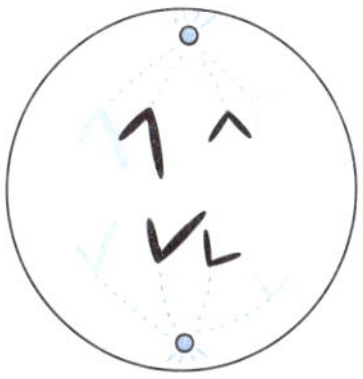

- Die Chromatiden trennen sich nun am Zentromer.
- Die Spalthälften werden durch die Verkürzung der Spindelfasern zu entgegengesetzten Polen gezogen.

4 **Telophase**

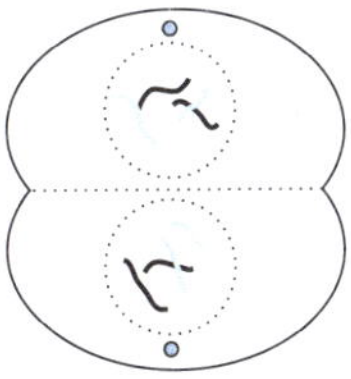

- Die Einchromatid-Chromosomen (= Chromatiden) strecken sich zur Funktionsform.
- Die Kernmembran wird aus Teilen des endoplasmatischen Retikulums zurückgebildet.
- Das Zellplasma wird geteilt (durch Einschnürung der Membran bei Tieren bzw. Bildung einer Zellplatte bei Pflanzen); zwei Tochterzellen sind entstanden.

Vor einer weiteren Zell- und damit Kernteilung verdoppeln sich die Einchromatid-Chromosomen wieder zu Zweichromatid-Chromosomen. Die Verdopplungszeit bezeichnet man als **Interphase**.

Interphase und Mitose sind zum **Zellzyklus** verknüpft:

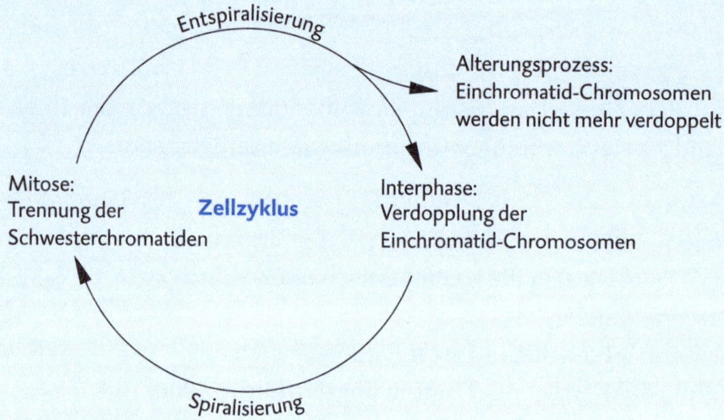

Meiose

Bei der Befruchtung vereinigen sich die Zellkerne der männlichen und weiblichen Keimzellen. Dadurch verdoppelt sich die Chromosomenzahl. Um einer ständigen Zunahme der Chromosomenzahl zu begegnen, muss also bei der **Keimzellenreifung** der diploide (2n) auf den haploiden Chromosomensatz (n) reduziert werden. Diesen Vorgang nennt man Meiose oder **Reifeteilung** der Keimzellen. Im Gegensatz zur Mitose, bei der der Chromosomensatz immer 2 n bleibt, findet bei der Meiose ein **Kernphasenwechsel** statt: $2n \rightarrow n$.

Die Meiose erfolgt in zwei Schritten. Ausgangsbasis ist die diploide männliche bzw. weibliche Urkeimzelle.

A Reduktionsteilung (1. Reifeteilung): Trennung der homologen Chromosomen ($2n \rightarrow n + n$)

1 **Prophase**

- Die verkürzten homologen Chromosomen lagern sich parallel aneinander, sodass entsprechende Chromosomenabschnitte nebeneinander liegen. Es bilden sich **Tetraden** aus jeweils 4 Chromatiden.
- Es erfolgt Chromatiden-Stückaustausch (**Crossing-over**, siehe S. 8).
- Auflösung der Kernmembran; Bildung der Kernspindel

2 **Metaphase**
Die Tetraden liegen maximal verkürzt in der Äquatorialebene.

3 **Anaphase**
Die homologen Chromosomen werden getrennt und zu den Spindelpolen gezogen. Es entstehen zwei vollständige haploide Chromosomensätze, wobei die Verteilung der „mütterlichen" und „väterlichen" Chromosomen zufallsbedingt ist (**interchromosomale Rekombination**). Die Reduktion des Chromosomensatzes ist damit vollzogen.

4 **Telophase**
Vorübergehende Bildung einer Kernmembran. Es folgt *keine* Interphase.

B **Äquationsteilung** (2. Reifeteilung)**:** Trennung der Chromatiden (n → n + n; entspricht im Ablauf der Mitose):

- Die Zentromere werden aufgespalten, die homologen Chromatiden weichen auseinander.
- Damit sind aus einer diploiden Urkeimzelle eine haploide weibliche (eine Eizelle und drei Pol- oder Richtungskörperchen, die aber zugrunde gehen) bzw. vier haploide männliche Keimzellen (Spermien) entstanden.
- Bei einer anschließenden Befruchtung entsteht aus zwei haploiden Keimzellen (Eizelle und Spermium) wieder eine diploide Zygote (befruchtete Eizelle, erhält vom Spermium nur die Erbsubstanz, keine weiteren Zellbestandteile).

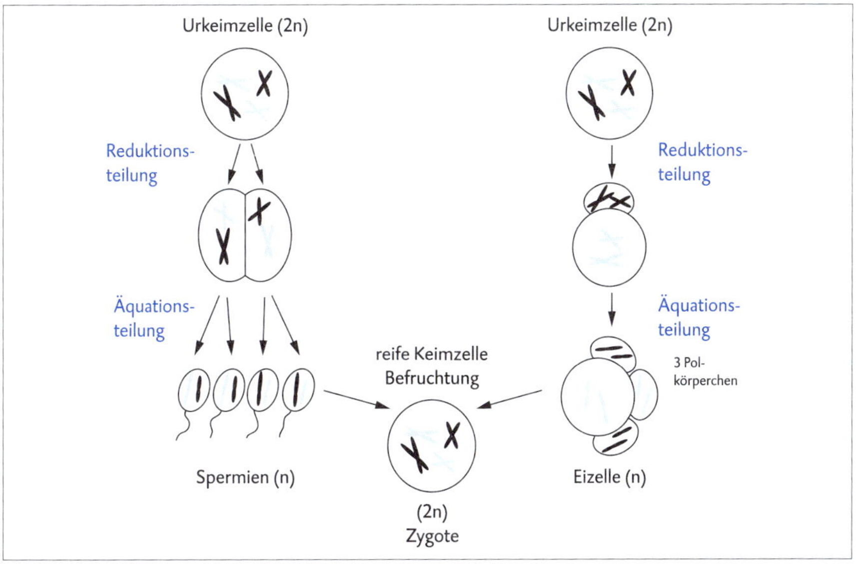

Abb. 4: Schematischer Ablauf der Keimzellenbildung

Die bereits erwähnte Besonderheit der Reduktionsteilung ist, dass vor der Trennung der Chromosomen die Homologen in der Prophase der 1. Reifeteilung nebeneinander zu liegen kommen. Da jedes Chromosom aus zwei Chromatiden besteht, ergibt sich eine viersträngige Struktur, das **Tetradenstadium**. Dabei können durch **Crossing-over** (Faktorenaustausch) homologe Chromatidenabschnitte wechselseitig ausgetauscht werden (**intrachromosomale Rekombination**).

Aus der lichtmikroskopisch sichtbaren Überkreuzung (**Chiasma**) gehen ein rein väterliches, ein rein mütterliches und zwei gemischte Chromatiden hervor.

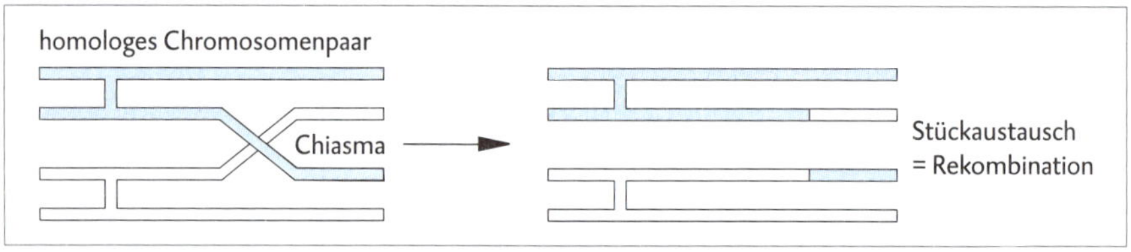

Abb. 5: Schematische Darstellung des Faktorenaustausches durch Umkopplung beim Crossing-over

Bei der **Meiose** wird in der Keimzellenbildung der Chromosomensatz halbiert (**Reduktion**). Dies ist eine Voraussetzung für die sexuelle Fortpflanzung. Durch die Vermischung des väterlichen und mütterlichen Erbgutes wird außerdem eine Neukombination des genetischen Materials (**Rekombination**) erreicht.

1.3 Geschlechtsbestimmung und -differenzierung beim Menschen

Das Gonaden- oder Keimdrüsengeschlecht des Menschen wird durch die Geschlechtschromosomen nach dem X-Y-Mechanismus bestimmt. Bei der Meiose bildet die Frau nur eine Sorte Eizellen (22 Autosomen, X), der Mann aber zwei Sorten Spermien (22 Autosomen, X oder Y).

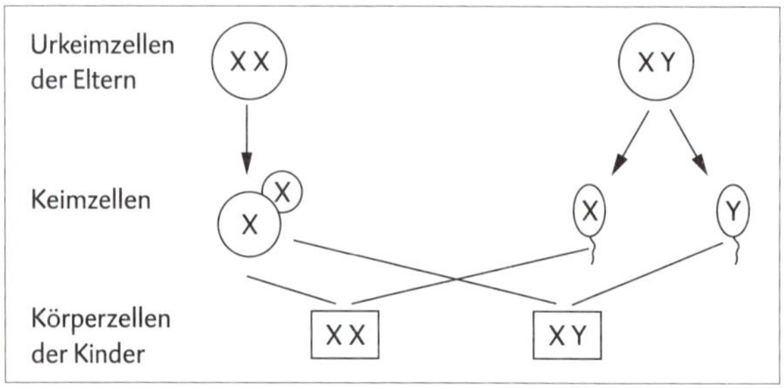

Abb. 6: Vererbung des Geschlechts beim Menschen

Aus dem Erbschema ergibt sich ein **theoretisches Geschlechterverhältnis** Mädchen : Jungen = 1 : 1. Das **tatsächliche Geschlechterverhältnis** (bei der Geburt) ist jedoch Mädchen : Jungen = 100 : 106.
Eine Hypothese zur Erklärung dieser Verschiebung des Geschlechterverhältnisses ist, dass einerseits vermehrte Jungen-Konzeption auftritt, da die Y-Spermien leichter und damit schneller sind als die X-Spermien, andererseits aber eine höhere Jungensterblichkeit besteht: XY-Zygoten sind anfälliger als XX-Zygoten, da genetische Veränderungen am X-Chromosom bei ihnen nicht durch ein zweites (intaktes) „abgeschirmt“ werden können.

Das **Barr-Körperchen** ist typisch für das weibliche Geschlecht. Eines der beiden X-Chromosomen – beim Vorliegen mehrerer X-Chromosomen alle bis auf eines (siehe S. 29) – entspiralisiert sich im Interphase-Kern nicht vollständig, sondern ist als kondensiertes randständiges Chromatinkörperchen nachweisbar. Nach der Hypothese von Mary LYON erfolgt diese zufällige Inaktivierung eines X-Chromosoms zur Einstellung einer konstanten „Gendosis“, sodass – wie in männlichen Zellen – immer nur ein X-Chromosom vorhanden ist. (Der Inaktivierungszufall ist aber etwas gelenkt, indem ein defektes X-Chromosom bevorzugt kondensiert bleibt; daher auch die verminderte Sterblichkeit der XX-Zygoten).

Der sog. **F-Body** ist dagegen typisch für das männliche Geschlecht. Das Y-Chromosom zeigt in der Quinacrin-Fluoreszenzfärbung eine besonders starke Fluoreszenz auch im Interphase-Kern und ist damit eindeutig bestimmbar.
Dadurch ist es möglich, das genetische Geschlecht jederzeit zu bestimmen, indem man z. B. Zellen aus Abstrichen der Haarwurzel untersucht (z. B. im Leistungssport).

Zusammenfassung

- Die Chromosomen der eukaryontischen Zellen sind die Träger der Erbinformation, die in der DNA gespeichert ist.
- Jedes Chromosom besteht aus zwei identischen Spalthälften, den Chromatiden, die wiederum aus einem DNA-Doppelstrang und Histonproteinen bestehen (Elementarfäden).
- Der einfache Chromosomensatz heißt haploid (n). Beim Menschen ist n = 23.
- Der doppelte Chromosomensatz, der in jeder Körperzelle vorliegt, heißt diploid (2n) und ist beim Menschen 2n = 46. Er besteht aus 22 homologen Autosomen-Paaren und den beiden Gonosomen.
- Autosomen sind die 22 Körperchromosomen, die bei Frau und Mann gleich sind.
- Die Geschlechtschromosomen X und Y (Gonosomen) sind bei Frau (XX) und Mann (XY) unterschiedlich.
- Bei der Teilung von eukaryontischen Zellen werden die Chromosomen in der Mitose oder der Meiose verteilt:

Vergleich	Mitose	Meiose
Ziel	Vermehrung der Körperzellen	Keimzellenbildung als Voraussetzung für die Befruchtung
Bedeutung	identische Weitergabe der Erbinformation	zufällige Verteilung und Durchmischung der elterlichen Erbinformation
Ablauf	Äquationsteilung: keine Reduktion, d. h. Kernphase bleibt 2n; Chromatiden-Trennung: es entstehen „Einchromatid-Chromosomen“	1. Reduktionsteilung, d. h. Kernphasenwechsel durch Reduktion: dabei interchromosomale Rekombination (Neukombination der Chromosomen durch zufallsbedingte Trennung der homologen Chromosomen) und intrachromosomale Rekombination (durch Crossing-over) 2. Äquationsteilung: Trennung der Chromatiden entsprechend der Mitose
Mann – Frau	kein Unterschied	Aus einer diploiden Urkeimzelle entstehen beim Mann vier haploide Spermien und bei der Frau eine haploide Eizelle mit drei Richtungskörperchen.

Aufgaben

1 Die Verteilung des Erbgutes in den Zellen der Pflanzen und Tiere (Euzyten) unterscheidet sich in charakteristischer Weise von der in Bakterienzellen.

a Nennen Sie die grundlegenden Unterschiede und suchen Sie dafür eine Erklärung!

b Welche Funktionen müssen alle eukaryontischen Zellen – zumindest im jugendlichen, d. h. undifferenzierten Zustand – erfüllen?

c Weshalb können nur alternde Zellen auf die Chromatid-Verdopplung verzichten?

2 Erklären Sie die Begriffe „Transport- und Funktionsform" der Chromosomen!

3 Ordnen Sie die dargestellten Mitose-Stadien so, dass sie den kontinuierlichen Vorgang der Zellteilung wiedergeben!

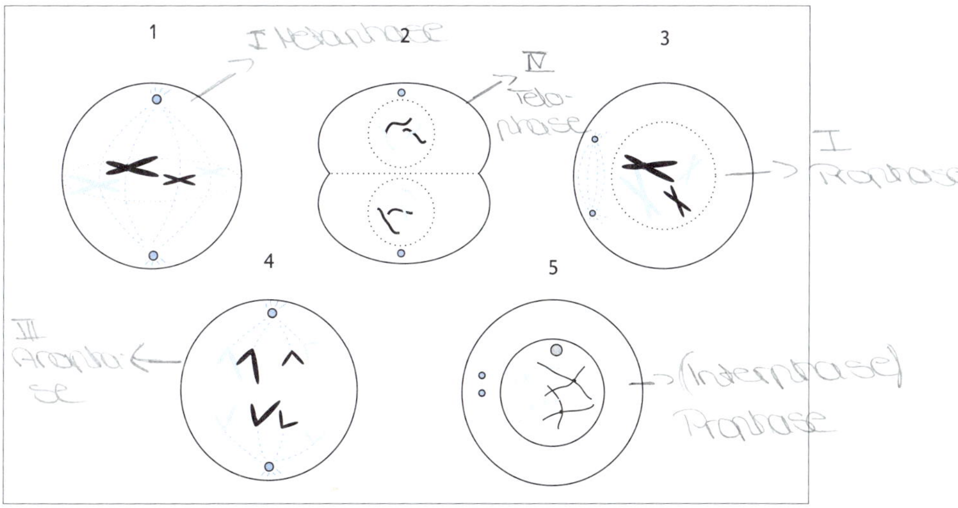

a Welchen typischen Mitose-Abschnitten können sie zugeordnet werden?

b Beschreiben Sie den Ablauf der Mitose!

4 Vergleichen Sie Meiose und Mitose im Ablauf und im Ergebnis!

5 Erläutern Sie die Bedeutung der Meiose für die genetische Vielfalt innerhalb einer Population!

6 Beschreiben Sie die Kernverhältnisse nach der Reduktionsteilung (1. Reifeteilung der Meiose) und nach der Äquationsteilung (Mitose und 2. Reifeteilung der Meiose)!

7 Wodurch unterscheidet sich die Keimzellenbildung beim Mann von derjenigen bei einer Frau?

8 Stellen Sie eine Vermutung auf, warum bei der Reifung der Eizelle auf 3/4 der genetischen Variabilität verzichtet wird, indem nur *ein* haploider Chromosomensatz erhalten bleibt, drei Chromosomensätze aber in den Polkörperchen für die Vererbung verloren gehen.

9 Begründen Sie, weshalb eine Zygote mit dem Karyotyp 45, X0 lebensfähig ist, eine mit dem Karyotyp 45,Y0 hingegen nicht.

10 Wie lässt sich auf einfache Weise feststellen, ob eine vermeintliche Leistungssportlerin ein Mann oder eine Frau ist?

11 Der Schimpanse ist der nächste Verwandte des Menschen. Dies ist auch aus den unten abgebildeten Karyogrammen (dargestellt ist der diploide Satz an Einchromatid-Chromosomen eines Mannes bzw. eines männlichen Schimpansen) zu ersehen.
Erarbeiten Sie die Gemeinsamkeiten und Unterschiede!

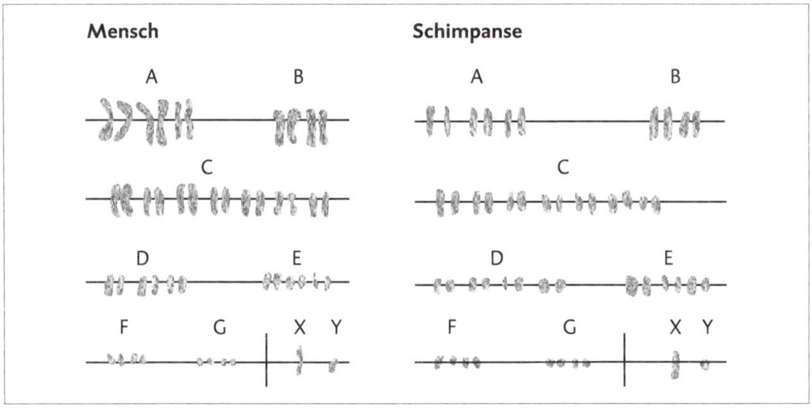

2 Erbgänge aus der Sicht der Chromosomentheorie der Vererbung

Aus dem Tatbestand, dass die Angehörigen einer Familie sich in Gestalt, Körperform u. Ä. gleichen, hat man schon früh geschlossen, dass diese Merkmale vererbt werden können. Inzwischen ist man sich bewusst, dass nicht das Merkmal selbst weitergegeben wird, sondern lediglich die Befähigung zur Merkmalsausbildung, d. h. eine Information mit Befehlscharakter, vergleichbar einem Bauplan, der in der DNA gespeichert ist.
Vererbung ist also die Weitergabe der Erbinformation, die in den Erbfaktoren oder Genen niedergelegt ist und daher auch als genetische Information bezeichnet wird.

Ein **Gen** ist ein Abschnitt auf der DNA, der die Information zur Synthese eines Proteins trägt. Dazu kommt ein weiterer Abschnitt, der die Genwirkung steuert, d. h. entscheidet, ob bzw. wann die ein Protein kodierende Information abgerufen werden kann.

Da jedes Individuum in seinen Körperzellen einen diploiden Chromosomensatz besitzt, ist auch jedes Gen zweimal vorhanden. Die Gene können dabei die gleiche oder auch unterschiedliche Ausprägungsformen (**Allele**) aufweisen.

Die unterschiedlichen Zustandsformen, in denen eine Erbanlage (Gen) auftreten kann, nennt man **Allele**. Sie führen zur Ausbildung verschiedener Merkmalsvarianten (synonym: allele Gene).

Sind die Allele eines Gens auf den beiden homologen Chromosomen gleich, ist der Organismus in Bezug auf dieses Gen reinerbig oder **homozygot**. Mischerbig oder **heterozygot** bedeutet dagegen, dass der Organismus bezüglich dieses Gens zwei verschiedene Allele besitzt.
Bei einer **Kreuzung** von zwei Individuen einer Art, die sich homozygot in bestimmten Genen (und damit Merkmalen) unterscheiden, entstehen Nachkommen, deren Allele bezüglich dieser Merkmale auf jeden Fall heterozygot sein müssen. Sie heißen Mischlinge, Bastarde oder **Hybride**.
Erbgänge, die nur ein einziges Merkmal betrachten, nennt man **monohybrid**; solche, die zwei Merkmale betreffen, **dihybrid**.
Der **Genotyp** (Gesamtheit der Gene eines Organismus) entscheidet über den **Phänotyp** (das Aussehen des Organismus). Setzt sich ein Allel gegenüber einem anderen im Phänotyp durch, so nennt man es **dominant**. Das zurückweichende Allel ist **rezessiv**.

2.1 Die mendelschen Regeln

Als Ergebnisse aus zahlreichen Kreuzungsversuchen, die der Augustinermönch Gregor MENDEL (1822–1884) ab 1856 im Klostergarten in Brünn anstellte, erhielt er die **mendelschen Regeln** zur Weitergabe von Merkmalen an die Nachkommen.

Bei seinen Experimenten verfuhr MENDEL nach folgenden Grundsätzen:

- Die Versuchspflanzen müssen konstant differierende Merkmale besitzen.
- Die Pflanzen müssen vor Fremdbestäubung geschützt sein oder leicht geschützt werden können.
- Die Nachkommen dürfen in der Fruchtbarkeit nicht abnehmen.
- Jede Generation muss vollzählig in die Beobachtung einbezogen werden.

Als Versuchspflanzen wählte MENDEL deshalb 22 Erbsensorten, die zwei Jahre lang konstante Merkmale gezeigt hatten, also bezüglich dieser Merkmale mit Sicherheit reinerbig (homozygot) waren.

Die Erbse pflanzt sich normalerweise durch Selbstbestäubung fort, daher entfernte er vor der Blütenreife die Staubgefäße, bestäubte die Narben mit den Pollen einer anderen ausgewählten Sorte und schützte anschließend die Blüten gegen weitere Fremdbestäubungen.

Aus 355 auf diese Weise erreichten künstlichen Befruchtungen konnte er 12 980 Bastardpflanzen großziehen – auch nach heutigen Gesichtspunkten ausreichend für statistisch relevante Aussagen. MENDEL begrenzte seine Beobachtungen dabei auf nur wenige (sieben) Merkmale.

1. mendelsche Regel: Uniformitätsregel

Die Nachkommen reinerbiger Individuen (P = Parental- oder Elterngeneration), also die erste Bastardgeneration (F_1 = 1. Filial- oder Tochtergeneration), haben alle ein gleichförmiges (uniformes) Aussehen.

Zeigen die Nachkommen das dominante Merkmal (Beispiel: Erbse), so spricht man vom **dominant-rezessiven Erbgang**. Weisen sie dagegen eine Mittelform der beiden Elternmerkmale auf (Beispiel: Japanische Wunderblume), so nennt man den Erbgang **intermediär**.

Beispiele

	Samenfarbe der Erbse	Blütenfarbe der Wunderblume
Eltern:	grün × gelb	rot × weiß
Bastarde:	gelb	rosa
also:	gelb dominant, grün rezessiv	rosa ist intermediär

Dominante Merkmale werden üblicherweise mit Großbuchstaben, rezessive Merkmale mit Kleinbuchstaben bezeichnet, wobei beide Allele durch ein und denselben Buchstaben repräsentiert werden. Die Geno- und Phänotypen der Bastarde der F_1-Generation kann man z. B. mithilfe eines **Kreuzungsschemas** ermitteln.

Beispiel

Samenfarbe der Erbse (**dominant-rezessiver Erbgang**):

Phänotyp der P-Generation:	gelb		×	grün	
Genotyp der P-Generation:	reinerbig dominant		×	reinerbig rezessiv	
	AA		×	aa	
Keimzellen:	A	A		a	a

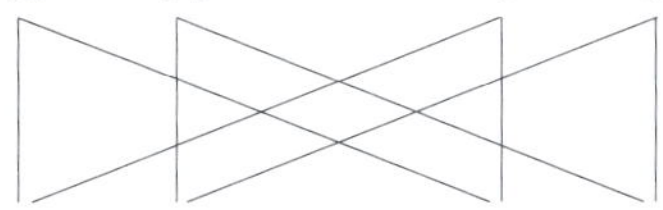

Genotyp der F_1-Generation:	Aa	Aa	Aa	Aa
Phänotyp der F_1-Generation:	gelb	gelb	gelb	gelb

Alle Individuen sind heterozygot (Aa) und zeigen den Phänotyp des dominanten Elternteils. Dabei ist es gleichgültig, von welchem Elternteil das dominante Allel stammt.

Beim intermediären Erbgang werden beide Allele mit unterschiedlichen Großbuchstaben bezeichnet, da es hier keine Dominanz oder Rezessivität gibt. Im folgenden Beispiel werden die Geno- und Phänotypen der F_1-Generation anhand eines **Kombinationsquadrates** bestimmt, in dem die Keimzellen der Eltern waagerecht bzw. senkrecht angeordnet und im nebenstehenden Quadrat kombiniert werden.

Beispiel

Blütenfarbe der Wunderblume (**intermediärer Erbgang**):

Phänotyp der P-Generation:	rot		×	weiß	
Genotyp der P-Generation:	RR		×	WW	
Keimzellen:	R	R		W	W

Keimzellen	R	R
W	RW	RW
W	RW	RW

Genotyp der F_1-Generation: RW (4 x)
Phänotyp der F_1-Generation: rosa (4 x)

2. mendelsche Regel: Spaltungsregel

Kreuzt man die Bastarde (F_1) untereinander, so treten bei den Nachkommen (F_2) die Merkmale der P-Generation in einem bestimmten Zahlenverhältnis wieder auf:

- bei einem dominant-rezessiven Erbgang im Verhältnis 3 : 1;
- im intermediären Fall im Verhältnis 1 : 2 : 1.

Aus diesen Beobachtungen zog Mendel die Schlussfolgerung, dass das in der F_1 unsichtbare, rezessive Gen nicht verschwunden sein konnte, sondern nur im Phänotyp zurückgetreten war. Die F_1-Bastarde mussten beide Allele im Genotyp in sich tragen, also heterozygot sein, und diese in den Keimzellen getrennt auf die Nachkommen (F_2) übertragen haben.

Beispiele

Samenfarbe der Erbse (**dominant-rezessiver Erbgang**):

Phänotyp der F_1-Generation: gelb × gelb

Genotyp der F_1-Generation: Aa × Aa

Keimzellen: A a A a

Keimzellen	A	a
A	AA	Aa
a	Aa	aa

Genotyp der F_2-Generation: AA Aa Aa aa

1 : 2 : 1

Phänotyp der F_2-Generation: gelb grün

3 : 1

Blütenfarbe der Wunderblume (**intermediärer Erbgang**):

Phänotyp der F_1-Generation: rosa × rosa

Genotyp der F_1-Generation: RW × RW

Keimzellen: R W R W

Keimzellen	R	W
R	RR	RW
W	RW	WW

Genotyp der F_2-Generation: RR RW RW WW

1 : 2 : 1

Phänotyp der F_2-Generation: rot rosa weiß

1 : 2 : 1

Die „Rückkreuzung"

Beim dominant-rezessiven Erbgang kann man vom Phänotyp (Aussehen) nicht unbedingt auf den Genotyp (Erbinformation) schließen, da ein heterozygoter Bastard aussieht wie sein homozygot dominanter Elternteil (siehe 1. mendelsche Regel).
Um zu beweisen, dass die F_1-Individuen tatsächlich mischerbig sind, wendete MENDEL einen Trick an. Er kreuzte die F_1-Individuen, die im Aussehen den Eltern glichen und somit das dominante Gen trugen, mit dem rezessiven Elternteil und damit „zurück" – deshalb **Rückkreuzung**.

Beispiel

Der gelbe Phänotyp der Samen der F_1-Bastarde kann auf dem Genotyp AA oder Aa beruhen. Die Rückkreuzung mit einem rezessiven Elternindividuum (Genotyp aa) ergibt im Kombinationsquadrat:

Testindividuum homozygot:

AA × aa

Keimzellen	A	A
a	Aa	Aa
a	Aa	Aa

Alle Nachkommen sind gleich (gelb).

Testindividuum heterozygot:

Aa × aa

Keimzellen	A	a
a	Aa	aa
a	Aa	aa

Die Nachkommen spalten sich im Verhältnis 1 : 1 (gelb : grün) auf.

Neben der Aufdeckung des (verborgenen) Genotyps bringt die Rückkreuzung **züchterische Vorteile** durch die Herabsetzung der Genotypenzahl.
So spalten sich z. B. schon bei 4 Merkmalspaaren die F_1-Bastarde bei Kreuzung untereinander in 3^4 (= 81) Genotypen auf; bei Rückkreuzung entstehen dagegen nur 2^4 (= 16) Genotypen. Dadurch wird die gezielte Kreuzung erleichtert und somit eine schnellere Auslese der gewünschten Merkmalskombination erreicht.

3. mendelsche Regel: Unabhängigkeitsregel

Bisher wurde nur ein Merkmalspaar betrachtet. Verfolgt man die Weitergabe von zwei Merkmalspaaren in einem dihybriden Erbgang, gilt zusätzlich zu den beiden ersten mendelschen Regeln auch die Unabhängigkeitsregel oder **Regel von der freien Kombination der Gene**.

Die Allele verschiedener Genpaare (Aa; Bb) können bei der Keimzellenbildung und Befruchtung unabhängig voneinander vererbt und dadurch neu kombiniert werden.

Beispiel

MENDEL erkannte die Gesetzmäßigkeit, indem er Erbsensorten mit gelb-runden und grün-kantigen Samen kreuzte. Alle F_1-Samen waren gelb und rund (Uniformitätsregel); damit ist gelb dominant gegenüber grün und rund dominant gegenüber kantig.

Phänotyp der P-Generation: gelb, rund × grün, kantig

Genotyp der P-Generation: AABB × aabb

Keimzellen: AB AB ab ab

Keimzellen	AB	AB
ab	AaBb	AaBb
ab	AaBb	AaBb

Genotyp der F_1-Generation: AaBb (4x)

Phänotyp der F_1-Generation: gelb, rund (4x)

Die Kreuzung der F_1-Bastarde untereinander ergab:

Phänotyp der F_1-Generation: gelb, rund × gelb, rund

Genotyp der F_1-Generation: AaBb × AaBb

Keimzellen: AB, Ab, aB, ab AB, Ab, aB, ab

Keimzellen	AB	Ab	aB	ab
AB	AABB	AABb	AaBB	AaBb
Ab	AABb	AAbb	AaBb	Aabb
aB	AaBB	AaBb	aaBB	aaBb
ab	AaBb	Aabb	aaBb	aabb

Genotyp der F_2-Generation:

AABB AABb AaBB AaBb AAbb Aabb aaBB aaBb aabb

Phänotyp der F_2-Generation:

gelb-rund : gelb-kantig : grün-rund : grün-kantig

9 : 3 : 3 : 1

Bei dieser Kreuzung sind auch zwei Merkmalskombinationen entstanden, die in der Elterngeneration nicht aufgetreten waren: gelb-kantige und grün-runde Samen. Dieses Ergebnis entspricht der Spaltungsregel mit dem Zusatz der freien Kombination der Merkmale (3. mendelsche Regel).

Bei der **Rückkreuzung** der F_1-Bastarde mit dem rezessiven Elternteil treten ebenfalls alle Merkmalskombinationen auf, und zwar ähnlich wie im monohybriden Erbgang im Verhältnis 1 : 1 : 1 : 1.

Die statistische Natur der Vererbungsregeln

In der Natur sind häufig zahlenmäßige Abweichungen von den theoretisch vorhergesagten Spaltungsverhältnissen der Phänotypen zu beobachten. Erst bei genügend großen Stichproben nähern sich die tatsächlichen Zahlenwerte dem statistisch zu erwartenden Verhältnis an.
Die statistische Natur der Vererbungsregeln kann z. B. durch einen „Münzwurf" simuliert werden. Die beiden Seiten der Münze entsprechen den beiden Allelen. Zur Demonstration des monohybriden (dominant-rezessiven) Erbganges wirft man zwei gleiche Münzen, wobei eine Seite für dominant erklärt wird. Zur Veranschaulichung der Unabhängigkeitsregel im dihybriden Erbgang benötigt man dazu zwei Paare verschiedener Münzen (Aa; Bb).
Indem man die oben liegenden Seiten im „Befruchtungsvorgang" kombiniert, erhält man bei einer genügend großen Wurfzahl – evtl. durch Computersimulation – folgende Zahlenverhältnisse in der F_2-Generation:

Erbgang	monohybrid	dihybrid	trihybrid
Erbanlagenpaare	1	2	3
mögliche Genotypen	3	9	27
mögliche Phänotypen	2	4	8
im Verhältnis bei Dominanz	3:1	9:3:3:1	27:9:9:9:3:3:3:1
Neukombinationen	–	2	6

Tab. 1: Statistische Verteilung der Genotypen in der F_2-Generation

Abweichungen von den mendelschen Regeln

Die 3. mendelsche Regel von der freien Kombination der Gene gilt nur, wenn die betrachteten Gene auf verschiedenen Chromosomen liegen und wenn (nur) ein Gen (nur) ein Merkmal bedingt. Bei mehr als 99 % der Merkmalsausbildungen bei Lebewesen treten aber Abweichungen in Erscheinung aufgrund von

- **Genkopplung:** Liegen die merkmalsbestimmenden Gene zusammen auf ein und demselben Chromosom, bilden sie eine **Kopplungsgruppe** (im Allgemeinen gleichbedeutend mit einem Chromosom) und werden meist zusammen vererbt.

Gene können aber durch **Genaustausch** in der Meiose (durch Crossing-over siehe S. 8) wieder entkoppelt werden. Die Häufigkeit ist abhängig vom Abstand der Gene im Chromosom. Je weiter die Gene voneinander entfernt sind, desto größer ist die Wahrscheinlichkeit, dass zwischen ihnen ein Crossing-over-Ereignis stattfindet. Auf der Basis von beobachteten Genaustausch-Häufigkeiten erstellte man früher die **Genkarten**.

- **Polygenie** (Polymerie): In diesem Fall bestimmen zwei oder mehrere Gene zusammen die Ausbildung eines Merkmals.
- **Polyphänie** (Pleiotropie): Ein Gen beeinflusst die Ausbildung mehrerer Merkmale.

Beispiel

Beim **Marfan-Syndrom**, einer autosomal-dominanten Erbkrankheit (siehe S. 31), führt die Veränderung in dem der Krankheit zugrunde liegenden Gen zur Ausbildung eines abnorm elastischen Bindegewebes. Durch dieses primäre Merkmal wiederum werden mehrere sekundäre Merkmale beeinflusst:

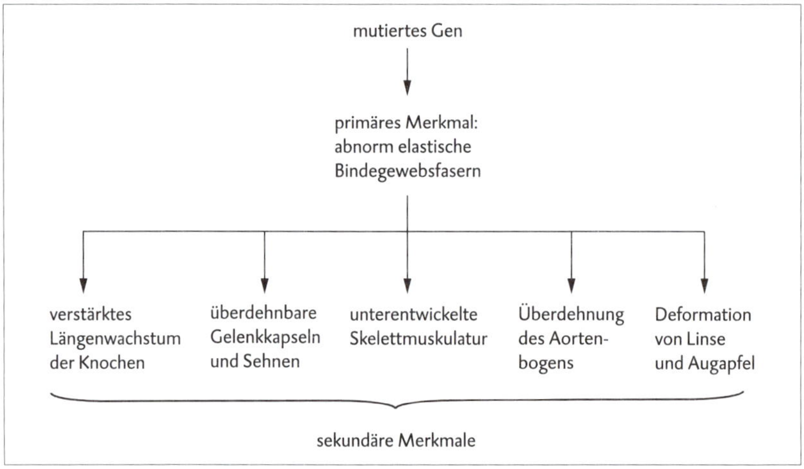

2.2 Die Chromosomentheorie der Vererbung

Boveri und Sutton vereinigten 1903 die Ergebnisse aus den mendelschen Kreuzungsexperimenten mit den Erkenntnissen der Chromosomenforschung. Die Chromosomentheorie der Vererbung besagt, dass die Chromosomen die sichtbaren Träger der Erbinformation sind. Sie setzten dazu „Chromosomen“ mit „Erbanlagen“ gleich. In der folgenden Tabelle ist der Begriff „Erbanlagen“ nach heutiger Sicht durch die „Gene“ ersetzt.

Ergebnisse der Chromosomenforschung (Zellforschung)	Ergebnisse der Kreuzungsforschung (klassische Genetik)
Chromosomen sind selbstständige Strukturen des Zellkerns, die sich verdoppeln können und von Zelle zu Zelle und von Generation zu Generation weitergegeben werden.	Gene sind selbstständige Einheiten, die sich verdoppeln können und die gleichmäßig von Zelle zu Zelle und von Generation zu Generation weitergegeben werden.
Chromosomen sind in den Körperzellen höherer Organismen stets doppelt vorhanden. Jede Körperzelle hat einen doppelten Chromosomensatz, einen einfachen väterlichen und einen einfachen mütterlichen.	Gene sind in den Körperzellen höherer Organismen stets doppelt vorhanden. Jede Körperzelle hat einen doppelten Gensatz, einen einfachen väterlichen und einen einfachen mütterlichen.
In der Meiose wird der doppelte Chromosomensatz halbiert, sodass in jede reife Keimzelle nur ein einfacher, kompletter Chromosomensatz gelangt.	In der Meiose wird der doppelte Gensatz halbiert, sodass von jedem Genpaar nur ein Gen in die reife Keimzelle gelangt, die dann nur einen einfachen kompletten Gensatz enthält.
In der Meiose erfolgt die Verteilung der elterlichen Chromosomen völlig unabhängig voneinander. Bei der Reduktionsteilung tritt eine freie Kombination der väterlichen und mütterlichen Chromosomen zu zwei einfachen Sätzen auf.	In der Meiose erfolgt die Verteilung der elterlichen Gene völlig unabhängig voneinander. Bei der Reduktionsteilung tritt eine freie Kombination der väterlichen und mütterlichen Erbanlagen zu zwei einfachen, vollständigen Sätzen auf.
Bei der Befruchtung verschmelzen zwei Keimzellen mit je einem haploiden Chromosomensatz zu einer diploiden Zygote. Ein Chromosomensatz stammt von der Mutter, einer vom Vater.	Bei der Befruchtung verschmelzen zwei (geschlechtsverschiedene) Keimzellen mit je einem haploiden Gensatz zu einer diploiden Zygote. Ein Gensatz stammt von der Mutter, einer vom Vater.

Tab. 2: Vergleich der Ergebnisse aus Chromosomen- und Kreuzungsforschung aus heutiger Sicht

Zusammenfassung

- Die Nachkommen von homozygoten Eltern, die sich in einem Merkmal unterscheiden, sind alle bezüglich dieses Merkmals gleich (1. mendelsche Regel: Uniformitätsregel).
- Bei einem dominant-rezessiven Erbgang sieht die F_1-Generation aus wie der dominante Elternteil, im intermediären Erbgang ergibt sich eine Mischform.
- Das rezessive Allel ist dabei im Genotyp der F_1-Individuen noch vorhanden, seine Ausprägung wird nur durch das dominante Allel unterdrückt.
- In der F_2-Generation spalten sich die Merkmale nach bestimmten Zahlenverhältnissen auf, dabei treten auch wieder die Merkmale des rezessiven Elternteils in Erscheinung (2. mendelsche Regel: Spaltungsregel).
- Über eine Rückkreuzung mit einem rezessiven Elternteil kann der Genotyp (heterozygot oder homozygot bzgl. des dominanten Gens) der Bastarde bestimmt werden.

- Wird ein dihybrider Erbgang, also die Weitergabe von zwei Merkmalen, betrachtet, so kombinieren sich die beiden Merkmale in der F_2-Generation frei untereinander und es treten auch neue Merkmalskombinationen auf, die bei der P-Generation nicht zu beobachten waren (3. mendelsche Regel: Unabhängigkeit und Neukombination der Erbanlagen).
- Die 3. mendelsche Regel gilt nur, wenn die beiden Gene auf unterschiedlichen Chromosomen liegen, und jeweils die Ausprägung nur eines Merkmals vollständig bestimmen. Abweichungen von dieser Regel treten auf bei Genkopplung (beide Gene liegen auf einem Chromosom), Polygenie (ein Merkmal wird von mehreren Genen bestimmt) und Polyphänie (ein Gen hat Einfluss auf mehrere Merkmale).
- Gekoppelte Gene können durch ein Crossing-over-Ereignis voneinander getrennt werden.
- Aus dem Vergleich der mendelschen Regeln mit den Erkenntnissen der Chromosomenforschung entstand die Chromosomentheorie der Vererbung: Die Chromosomen sind die Träger der Erbinformation (Gene).

Aufgaben

12 Maiskörner unterscheiden sich in der Farbe, wobei Lila dominant über Gelb ist.

a Beweisen Sie durch die entsprechenden Erbgänge (Kreuzungsschema oder Kombinationsquadrat) die 1. und 2. mendelsche Regel!

b Kreuzen Sie den F_1-Bastard mit dem rezessiven Elternteil!

c Weshalb wird die Form der Rückkreuzung gerne bei F_2-Bastarden angewandt?

13 Zwei reinerbige Rinderrassen, die sich in zwei Fellmerkmalen unterscheiden, werden miteinander gekreuzt:
Rasse 1 ist schwarz-gescheckt; Rasse 2 ist braun-ganzfarbig. Schwarz ist dominant über Braun und ganzfarbig dominant über gescheckt.
Ermitteln Sie mithilfe eines Kombinationsquadrates alle Anlagenkombinationen für die F_2-Generation! Welche Genotypen treten in welchem Verhältnis auf? Welchen Phänotypen können sie zugeordnet werden?

14 Ein langhaariges, braunes Kaninchenweibchen (homozygot) wird mit einem langhaarigen, weißen Kaninchenmännchen gekreuzt.
(Symbole: A = langhaarig; a = kurzhaarig; B = braun; b = weiß)
Welche Zahlenverhältnisse können in der Nachkommenschaft auftreten? Stellen Sie entsprechende Erbschemata auf!

15 Ein Züchter erhielt bei der Kreuzung eines weiblichen weißen, rauhaarigen Meerschweinchens mit einem schwarzen glatthaarigen Männchen vier Junge, und zwar:

- ein weißes, rauhaariges,
- ein weißes, glatthaariges,
- ein schwarzes, rauhaariges und
- ein schwarzes, glatthaariges.

a Stellen Sie mithilfe eines Kombinationsquadrates fest, um welchen besonderen Fall es sich hier handelt!

b War das obige Zahlenverhältnis in jedem Fall zu erwarten? Begründung!

16 Ein Züchter hat zwei reinerbige Rassen der Zierpflanze *Streptocarpus hybrida* (Drehfrucht), von denen die eine Anthocyane (rote bzw. blaue Farbstoffe) in den Blütenblättern, die andere im Blütenschlund aufweist. Die Farbstoffproduktion ist dominant.

a Benennen Sie den Genotyp der beiden Rassen!

b Welche reinerbigen Neukombinationen sind möglich? Welche kann man in der F_2-Generation durch Augenschein als solche erkennen? Beweisführung durch Kreuzungsanalyse!

17 Bei der Taufliege *Drosophila melanogaster* werden die Gene für schwarze Körperfarbe und kurze Flügel bzw. für graue Körperfarbe und normale Flügel in der Regel als Block an die Nachkommen weitergegeben.
Ein reinerbig graues, normalflügeliges Weibchen wird mit einem schwarzen, kurzflügeligen Männchen gekreuzt. Graue Körperfarbe (G) und normale Flügelausbildung (F) sind dominant. Ein Weibchen der F_1-Generation wird mit einem schwarzen, stummelflügeligen Männchen rückgekreuzt. In der ersten Rückkreuzungsgeneration finden sich neben den erwarteten Formen auch je 8 % graue, kurzflügelige und schwarze, langflügelige Tiere.
Erläutern Sie diese Ergebnisse! Geben Sie für alle Tiere die Geno- und Phänotypen an!

18 a Durch welche Begriffsgegenüberstellung vereinigte die Chromosomentheorie der Vererbung die Ergebnisse aus der Zytogenetik (Chromosomenforschung) und der klassischen Genetik (Kreuzungsversuche)?

b Welcher Unterschied besteht aber nach heutiger Kenntnis?

3 Erscheinungsbilder und Erbgänge beim Menschen

3.1 Das AB0-Blutgruppensystem

Die Blutgruppenmerkmale werden – als primäre Genprodukte – nach den Gesetzmäßigkeiten MENDELS im dominant-rezessiven Erbgang an die Nachkommen übertragen.

Besonderheiten des AB0-Systems

Das Gen für die Blutgruppen tritt in drei Erscheinungsformen (Allelen) auf: A, B und 0 (eigentlich gibt es noch mehr unterschiedliche Allele, da von „A" noch verschiedene Varianten vorkommen).

Gibt es von einem Gen mehr als zwei Ausprägungsformen (Allele), spricht man von **multipler Allelie.**

Die Merkmale A und B dominieren dabei über das Merkmal 0. A und B sind **kodominant**, d. h. beide Gene werden gleichberechtigt nebeneinander ausgeprägt, wenn die Information dafür vorhanden ist.
Die verschiedenen Allele des Gens für die Blutgruppen führen zur Ausbildung von unterschiedlichen Zuckermolekülen auf der Oberfläche von roten Blutkörperchen. Die durch die Allele A und B kodierten Zuckermoleküle können dabei als **Antigene** in einer Immunreaktion erkannt werden.

Blutgruppe	Genotyp	Phänotyp (Antigene)
A	AA, A0	A
B	BB, B0	B
AB	AB	AB
0	00	–

Tab. 3: Blutgruppen des AB0-Systems

Prinzip der Blutgruppenbestimmung

Grundlage der Methode zur Bestimmung der Blutgruppe ist die **Antigen-Antikörper-Reaktion** des Immunsystems: Die Blutgruppenmerkmale A und/oder B sind als Antigene in die Zellmembran der roten Blutkörperchen eingebaut. An ihre Oberfläche können sich passende (körperfremde) Antikörper anheften (Antikörper Anti-A bindet an Antigen A, Antikörper Anti-B an Antigen B; da 0 kein Antigen darstellt, gibt es hier auch keinen spezifischen Antikörper).

Da jeder Antikörper zwei Haftpunkte hat, werden die Blutkörperchen untereinander vernetzt und es erfolgt eine sichtbare Verklumpung (Ausfällung = **Agglutination**).

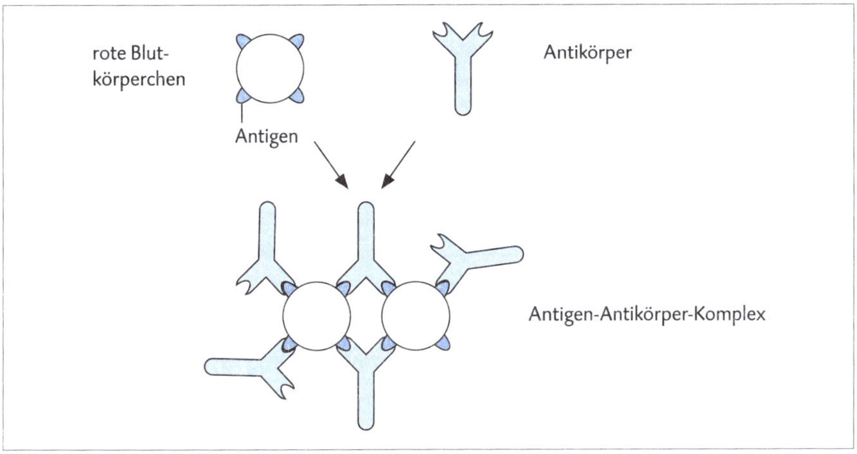

Abb. 7: Schematische Darstellung der Antigen-Antikörper-Reaktion

Bei der Blutgruppenbestimmung werden zu einer Blutprobe der Testperson gereinigte Antikörper-Seren gegeben, die entweder den Antikörper Anti-A oder Anti-B oder beide tragen. Aus dem Auftreten von Verklumpungen lässt sich auf die Blutgruppe schließen.

Blutgruppe/ Antigene der Blutkörperchen	Verklumpung mit Antikörper
A	Anti-A
B	Anti-B
AB	Anti-A und Anti-B
0	–

Tab. 4: Blutgruppenbestimmung

Der Agglutinationstest dient in erster Linie der Blutgruppenüberprüfung vor Bluttransfusionen, da auch im Blutserum Antikörper gegen Blutgruppenantigene vorkommen können. Diese Antikörper entstehen im 6. Lebensmonat im Zusammenspiel mit den Coli-Bakterien im Darm. Diese haben die gleichen Antigene A und B in ihrer Zellmembran. Im Blut werden in einer normalen Immunreaktion Antikörper gegen diejenigen Antigene gebildet, die in der Membran der eigenen roten Blutkörperchen nicht vorliegen.
Bei der Übertragung der falschen Blutgruppe könnte es daher zur Verklumpung innerhalb der Adern des Empfängers der Bluttransfusion kommen.

Blutgruppe	Phänotyp (Antigene)	Antikörper im Serum
A	A	Anti-B
B	B	Anti-A
AB	AB	–
0	–	Anti-A und Anti-B

Tab. 5: Antikörper im Blutserum bei verschiedenen Blutgruppen

Die Blutgruppe wird aber auch bei ungeklärter Vaterschaft als mögliches, relativ einfaches Ausschlusskriterium verwendet (serologischer Abstammungsnachweis, **Vaterschaftsausschlussverfahren**). Da das Kind immer ein Allel von der Mutter und eines vom Vater haben muss, kann bei bestimmten Konstellationen eine Vaterschaft ausgeschlossen werden. Wenn z. B. die Mutter die Blutgruppe 0 (Genotyp 00) und das Kind die Blutgruppe A (Genotyp A0) hat, muss der Vater das Allel „A“ des Kindes beigesteuert haben und kann daher nur die Blutgruppe A (Genotyp AA oder A0), nicht aber die Blutgruppen B (Genotyp BB oder B0) oder 0 (Genotyp 00) haben.

Blutgruppe der Mutter	Blutgruppe des Kindes	mögliche Blutgruppe des Vaters	ausgeschlossene Blutgruppe des Vaters
0	A	A, AB	B, 0
0	B	B, AB	A, 0
0	0	A, B, 0	AB
A	B, AB	B, AB	A, 0
B	A, AB	A, AB	B, 0

Tab. 6: Mögliche und ausgeschlossene Blutgruppen des Vaters

3.2 Erbkrankheiten aufgrund von Genommutationen

Als **Genom** bezeichnet man die Gesamtheit des genetischen Materials im Zellkern einer eukaryontischen Zelle. Eine Veränderung an diesem genetischen Material kann plötzlich auftreten und diese **Mutation** kann an die Nachkommen weitergegeben werden (s. u.).

Eine plötzlich eintretende, nicht zielgerichtete und erbliche Veränderung des genetischen Materials bezeichnet man allgemein als **Mutation**.

Eine **Genommutation** ist eine erbliche Veränderung, die das gesamte Genom, also die Zahl der Chromosomen betrifft. Sie wird daher auch Chromosomenzahlmutation (**numerische Chromosomenaberration**) genannt. Eine Veränderung der Chromosomenanzahl ist die Folge einer Nondisjunction (Nicht-Trennung) von Chromosomen oder Chromatiden in der Meiose und damit einer Fehlverteilung der Chromosomen.

Die Nicht-Trennung zweier homologer Chromosomen bzw. Schwesterchromatiden in der 1. bzw. 2. Reifeteilung der Meiose nennt man **Nondisjunction**.

Die **Vervielfachung** eines ganzen Chromosomensatzes führt zur **Polyploidie**. Bei Pflanzen ist häufig ein triploider (3 n) oder tetraploider (4 n) Chromosomensatz zu beobachten, der meist zu einer Erhöhung der Leistungsfähigkeit führt.

Werden nur einzelne Chromosomen vervielfacht, spricht man von einer **Aneuploidie**. Diese hat zumeist mehr oder weniger schwere negative Konsequenzen für den Organismus. Man unterscheidet Chromosomenzahlmutationen, die die Körper- oder die Geschlechtschromosomen betreffen (siehe S. 28 ff.).

Bei Vielzellern können Körper- oder Keimzellen von Mutationen betroffen sein. Mutationen in **Körperzellen** werden im Allgemeinen nicht an die Nachkommen weitergegeben (Ausnahme: vegetative Vermehrung, besonders bei Pflanzen). Für die Mutante selbst sind sie bei gleich bleibender Umwelt meist nicht vorteilhaft. Über mitotische Teilungen können sie den ganzen Körper erfassen (z. B. Tumor-Metastasen).

Mutationen in (Ur-)**Keimzellen** werden an die Nachkommen weitergegeben und können (je nach Dominanzverhältnissen) im Phänotyp der Nachkommen erscheinen. Auf diese Weise entstanden die zahlreichen Rassen der Haustiere und Kulturpflanzen.

Autosomale Chromosomenzahlaberration

Durch Nondisjunction zweier Körperchromosomen während der Meiose können Keimzellen entstehen, die ein Chromosom zweifach enthalten (statt nur einfach, wie es normalerweise der Fall ist). Bei der Befruchtung mit einer weiteren, „normalen“ Keimzelle liegt dieses Chromosom in allen Zellen des entstehenden Organismus in dreifacher Ausführung vor. Diese sog. **Trisomien** sind die Ursache für zahlreiche mehr oder minder stark ausgeprägte Krankheitsbilder.

Monosomien von Körperchromosomen, also das Vorliegen nur einer Kopie eines Körperchromosoms, sind dagegen immer tödlich; der Embryo stirbt schon in sehr frühen Entwicklungsstadien im Mutterleib.

Beispiel

Bei **Trisomie 21**, auch als **Down-Syndrom** bezeichnet, tritt das Chromosom Nr. 21 dreimal auf. Charakteristische Symptome bzw. Kennzeichen dieser Chromosomenanomalie sind (alle Kennzeichen können in unterschiedlicher Ausprägung auftreten):

- kleiner, runder Kopf
- schräg gestellte Augen mit vergrößertem Augenabstand; Lidfalte
- kurze Nase mit flachem, breitem Rücken
- Mund meist leicht geöffnet, mit großer Zunge
- kurzer, breiter Hals
- kleine, runde Ohren
- Hände und Füße klein mit kurzen Fingern bzw. Zehen
- Organfehlbildungen
- geistige Retardierung (Schwachsinn) (IQ zwischen 80 und 20).

Die häufigste Ursache der Krankheit (der sog. freien Trisomie in 92 % der Fälle) ist die Nondisjunction des Chromosomenpaares 21 in der 1. oder 2. Reifeteilung der Keimzellenbildung (in den meisten Fällen bei der Eizellbildung der Mutter). Zu den beiden Chromosomen 21 kommt durch die Befruchtung noch ein drittes hinzu.

Das Risiko der Entstehung von Nondisjunctionen während der Eizellbildung und damit der Trisomie 21 steigt mit zunehmendem Alter der Mutter. Ob auch zwischen dem Alter des Vaters und der Häufigkeit der Trisomie 21 ein Zusammenhang besteht, ist noch unklar.

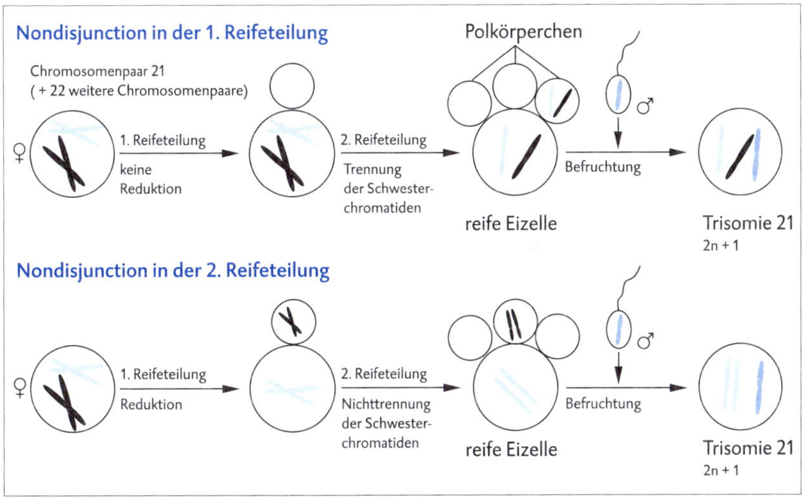

Genommutationen

Gonosomale Chromosomenzahlaberrationen

Wie bei der Trisomie 21 kann auch eine vermehrte oder verminderte Zahl an Gonosomen (Geschlechtschromosomen) durch eine Fehlverteilung bei der Keimzellenbildung entstehen.

	(Polkörper: XX)	X (Polkörper: X)	XX	XXX (Polkörper: X) / XXXX
X	45,X0 Turner-Syndrom unfruchtbare kleinwüchsige Frau, mit breitem Hals, Intelligenz meist normal entwickelt	46,XX normale Frau	47,XXX Triplo-X-Syndrom Aussehen und Fruchtbarkeit normal, Intelligenzentwicklung oft gestört	48,XXXX 49,XXXXX Poly-X-Frauen meist unfruchtbar mit körperlichen und geistigen Behinderungen; Symptome treten mit steigender X-Chromosomen-Zahl verstärkt auf
Y	45,Y0 nicht lebensfähig	46,XY normaler Mann	47,XXY 48,XXXY 49,XXXXY Klinefelter-Syndrom unfruchtbare Männer von eunuchoidem Hochwuchs, weiblich wirkende Fettverteilung, meist normale Intelligenz, Antriebsarmut	
YY	46,YY0 nicht lebensfähig	47,XYY 48,XXYY 49,XXXYY 50,XXXXYY Diplo-Y-Syndrom Männer von relativ hohem Wuchs, verspätete und meist gestörte Pubertät, erhöhte Labilität, niedrige Frustrationstoleranz, Haltlosigkeit und Entschlusslosigkeit		

Tab. 7: Zusammenstellung der häufigsten gonosomalen Chromosomenaberrationen

Da überzählige X-Chromosomen als Barr-Körperchen kondensiert und damit zum Großteil inaktiviert sind (siehe S. 9) und Y-Chromosomen über die Geschlechtsbestimmung hinaus kaum genetische Information enthalten, bewirkt eine Vervielfachung der Gonosomen nur eine (gegenüber den massiven Auswirkungen einer autosomalen Chromosomenzahlaberration) relativ geringe Störung im Phänotyp des Mutationsträgers.
Das **Turner-Syndrom** (Karyotyp 45, X0) ist die einzige Monosomie beim Menschen, deren Träger lebensfähig sind.

3.3 Erbleiden infolge von Genmutationen

Während die oben dargestellten Krankheitssyndrome auf massive, mikroskopisch sichtbare Veränderungen des Genoms (veränderte Chromosomenzahl) zurückzuführen sind, beruhen die meisten Erbleiden auf einer **Genmutation**, d. h. der Veränderung nur eines sehr kleinen Abschnittes in der Erbinformation (siehe S. 63 ff.). Da in diesen Fällen nur ein Gen verändert ist (monogen bedingte Krankheiten), entspricht die Vererbung dieser Krankheiten zumeist einem monohybriden Erbgang und es gelten die mendelschen Regeln.

Autosomal-dominante Erbleiden

Die Krankheit wird dominant vererbt; die entsprechenden Gene sind auf einem Autosom lokalisiert – das Geschlecht spielt also keine Rolle.

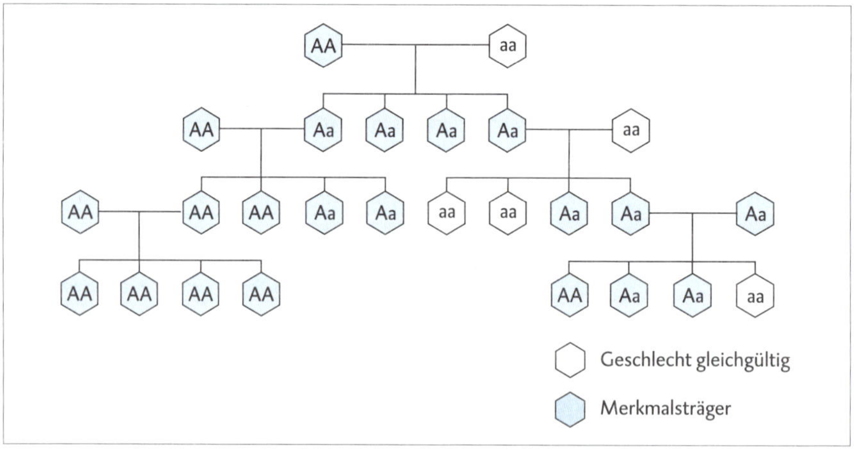

Abb. 8: Schema des Erbganges (Modell-Stammbaum)

Autosomal-dominante Erbleiden werden gleichermaßen von Vater und Mutter auf (statistisch) 50 % der Söhne und Töchter übertragen. Sie sind sowohl im homozygoten (AA) als auch im heterozygoten Zustand (Aa) sichtbar. Daher sind phänotypisch Gesunde auch immer genotypisch gesund (aa). Alle Nachkommen eines homozygoten Merkmalsträgers sind (heterozygote) Merkmalsträger und damit krank.

Beispiele

- Kurzfingrigkeit (Brachydaktylie)
- Vielfingrigkeit (Polydaktylie)
- Chondrodystropher Zwergwuchs
- Marfan-Syndrom (abnorm elastische Bindegewebsfasern, siehe S. 20)

Bei Heterozygoten ist das Merkmal im Allgemeinen weniger stark ausgeprägt als bei Homozygoten, da das „gesunde“ Allel eine gewisse Kompensation des Krankheitsbildes bewirken kann.

Beispiel

Kurzfingrigkeit ist im heterozygoten Zustand eine harmlose Anomalie, im homozygoten Zustand fehlen die Finger und Zehen vollständig; dazu kommen multiple Missbildungen, die im Allgemeinen im 1. Lebensjahr zum Tod führen.

Die meisten Gene sind – obwohl sie allein bei einer vorliegenden Mutation eine bestimmte Krankheit verursachen – doch nicht allein für die Ausprägung des Krankheitsmerkmals verantwortlich. Stattdessen sind sie Teil eines komplizierten Netzwerkes, in dem andere Gene und Umweltfaktoren auf die Merkmalsausbildung Einfluss nehmen können. Deshalb sind besonders dominante Erbleiden häufig verschieden stark ausgeprägt (variable Expressivität bzw. **Penetranz**), werden in unterschiedlichem Alter sichtbar (**variables Manifestationsalter**) oder treten trotz vorhandener Anlage evtl. gar nicht in Erscheinung.

Autosomal-rezessive Erbleiden

Das Krankheitsmerkmal wird rezessiv vererbt und tritt damit nur im homozygoten Zustand auf. Das Geschlecht spielt keine Rolle, da die Gene auf einem Autosom lokalisiert sind.

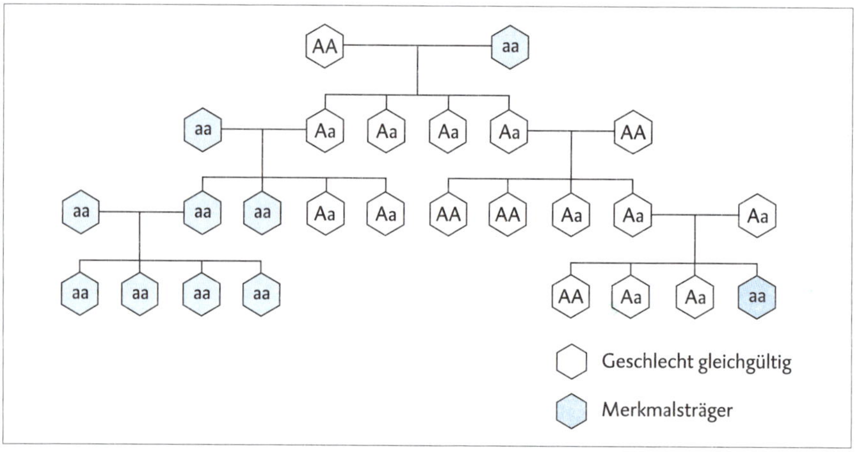

Abb. 9: Schema des Erbgangs (Modell-Stammbaum)

Da Merkmalsträger auf jeden Fall homozygot sind (aa), sind die Nachkommen zweier Merkmalsträger wiederum zu 100 % krank. Phänotypisch Gesunde können sowohl homozygot gesund (AA) als auch heterozygote Merkmalsträger (Aa) sein. Da sie selbst nicht erkrankt sind, das Merkmal aber an die Nachkommen weitergeben können, nennt man sie auch **Konduktoren** (Überträger).

Das Auftreten eines erkrankten Kindes bei zwei gesunden Eltern ist daher ein sicheres Zeichen für ein autosomal-rezessives Erbleiden (spontanes Auftreten durch Neumutation einmal ausgeschlossen).

Praktisch alle Stoffwechseldefekte werden auf diese Weise vererbt. Krankheitsursache sind defekte Enzyme, d. h. Stoffwechselprodukte können nicht weiterverarbeitet werden – es entsteht ein „Stoffwechselblock“.

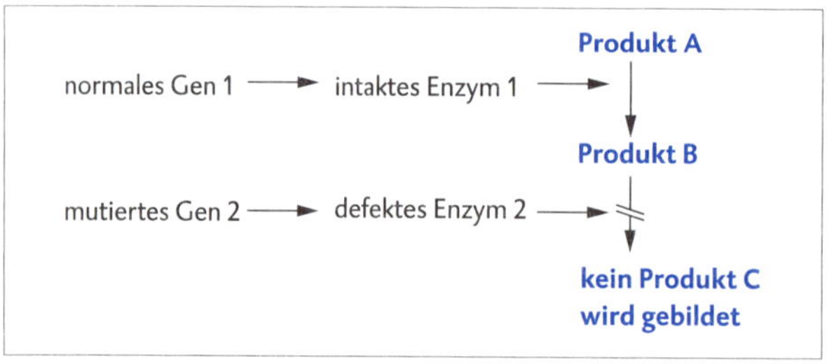

Abb. 10:
Schematische Darstellung eines Stoffwechselblocks

Beispiele

Krankheiten bei gestörtem Tyrosinstoffwechsel:

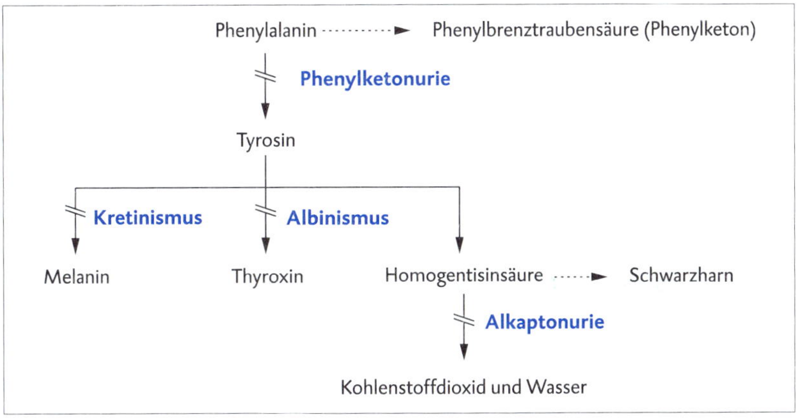

Weil jedoch der Ausfall eines Gens (Allels) durch das Homologe kompensiert werden kann, wird bei Heterozygoten das intakte Enzym – wenn auch vermindert – gebildet. Erst völliges Fehlen durch Ausfall beider Allele lässt die Krankheit üblicherweise auftreten. Dies erklärt die Rezessivität der defekten Allele.

Beispiele

Bei der **Phenylketonurie** ist das Enzym, das die Umwandlung von Phenylalanin in Tyrosin katalysiert (ermöglicht oder beschleunigt), entweder stark vermindert wirksam oder völlig unwirksam. Der Grund ist eine Mutation im verantwortlichen Gen (siehe S. 63 f.). Ist der normale Abbau von Phenylalanin zu Tyrosin in der Leber gestört, reichert es sich im Körper in Form von Phenylbrenztraubensäure (Phenylketon) an und führt zu:

- Störungen der Proteinbiosynthese während der Gehirnentwicklung,
- Störung der Myelinbildung am Axon,
- Aktivitätsverminderung anderer Enzyme,
- Absinken der Konzentration anderer essenzieller Aminosäuren um 50 %,
- Ausscheidung der Phenylbrenztraubensäure in großen Mengen im Urin, daher der Name Phenylketonurie (PKU).

In der Folge entsteht das typische Krankheitsbild der PKU:

- Geistiger Entwicklungsrückstand bereits ab der 4.–6. Lebenswoche. Die unbehandelte Krankheit führt zu Schwachsinn durch Hirnschädigung (gestörte Myelinbildung an den Nervenzellen).
- Körpergeruch, der an den Geruch von Mäusekot bzw. Pferdestall erinnert.
- Häufig krampfartige Anfälle und Erbrechen, Hyperaktivität und Aggressivität, allgemeiner Pigmentmangel oder Hautekzeme.

Verhindern lassen sich die Krankheitssymptome durch eine weitgehend **phenylalaninarme Diät** (nicht phenylalaninfrei, denn diese Aminosäure wird auch für den normalen Stoffwechsel benötigt!). Diese Diät muss so früh wie möglich nach der Geburt beginnen und bis zum 10. Lebensjahr streng eingehalten werden. Ab diesem Alter kann man damit rechnen, dass keine Gehirnschäden mehr auftreten.

Beginnt die Diät erst ab dem 4. Lebensjahr, ist der Behandlungserfolg bereits zweifelhaft, da es kaum gelingt, den retardierten Entwicklungsstand zu bessern. Daher ist eine **Früherkennung** der Krankheitssymptome sehr wichtig und es werden bei Neugeborenen routinemäßig Tests auf PKU durchgeführt:

- **Guthrie-Test** (zwischen 4. und 6. Tag): Bei bestimmten Bakterien, die Minimalbedingungen ausgesetzt sind, wird durch das Phenylalanin die Wachstumsbeschränkung aufgehoben.
- **Windeltest** mit Eisen(III)-chlorid-Lösung: Phenylbrenztraubensäure bewirkt eine grünblaue Färbung der (gelben) Eisen(III)-chlorid-Lösung. Der Test ist unsicher (wenig spezifisch) und erst in der 3. Woche möglich.

Beim Auftreten der PKU in der Familie beider Eltern wird auch bei zwei gesunden Eltern getestet, ob sie Konduktoren der Krankheit sind (**Heterozygotentest**). Mit erheblichem Untersuchungsaufwand erfolgt dies im Rahmen der genetischen Familienberatung (siehe S. 41 f.) meist durch den Belastungstest:

- **Belastungstest:** Dabei wird die Testperson mit einer bestimmten Menge Phenylalanin (0,1 g/kg Körpergewicht) belastet. Untersucht man den Phenylalanin- oder Tyrosinspiegel im Blut in verschiedenen Zeitabständen, so stellt man fest, dass Heterozygote nur die halbe Abbaufähigkeit von Phenylalanin gegenüber Gesunden aufweisen.

Bei der **Sichelzellanämie** ist das Hämoglobin-Gen von einer Mutation betroffen. Hämoglobin, der Träger des roten Blutfarbstoffes, ist ein Protein, in dem vier Aminosäure-Ketten (2α- und 2β-Ketten) eine Funktionseinheit bilden (siehe S. 58). Jede Kette enthält ein Häm als roten Farbstoff, an das sich der Sauerstoff reversibel bindet.
Eine Genmutation führt zur Veränderung oder zum Verlust der Trägerfunktion des Proteinanteils (Globin). Die Löslichkeit des veränderten Proteins ist im Sauerstoff-Mangelmilieu so weit herabgesetzt, dass es ausfällt. Dadurch nehmen die roten Blutkörperchen Sichelgestalt an und lagern sich im Bereich der Kapillaren (Körperperipherie) zusammen.
Als Folge verstopfen die veränderten Blutkörperchen die Kapillaren insbesondere der Milz. Dadurch kommt es zu

- erhöhter Blutzersetzung,
- Milz- und Leberschäden,
- Erschöpfungszuständen durch Blutarmut (Anämie),
- Leistungsminderung heterozygoter Träger,
- Tod homozygoter Träger im jugendlichen Alter.

Sichelzellanämie wird autosomal-rezessiv vererbt. Beim heterozygoten Genotyp Aa ist die Menge an „normalem“ Hämoglobin, das trotz Sauerstoffmangel löslich bleibt, vermindert.
Obwohl die Leistungsfähigkeit der Heterozygoten dadurch stark herabgesetzt ist, haben diese in **Malariagebieten** einen deutlichen Überlebensvorteil: Sie sind durch das veränderte Hämoglobin weitgehend immun gegenüber der Malaria (deren Überträger Plasmodium in seinem Entwicklungszyklus „normale“ rote Blutkörperchen befällt, nicht jedoch solche mit verändertem Hämoglobin). Obwohl die homozygoten Träger früh sterben, konnte sich das Allel in der Population halten und daher ist Sichelzellanämie unter der schwarzen Bevölkerung in Malaria-Gebieten weit verbreitet.

X-chromosomal-rezessive Vererbung

Das die Krankheit verursachende Gen befindet sich auf dem Geschlechtschromosom X. Das Erbleiden ist rezessiv und tritt bei Frauen nur im homozygoten (X_aX_a) Zustand auf. Eine Frau mit nur einem mutierten Allel (X_AX_a) ist **Konduktorin** (Überträgerin) der Krankheit, d. h. bei ihr wird das kranke Allel durch das gesunde auf dem zweiten X-Chromosom kompensiert. Das Krankheitsmerkmal kann aber auf die Nachkommen übertragen werden.

Männer erkranken weit häufiger an X-chromosomal-rezessiv vererbten Krankheiten, da sie nur ein X-Chromosom besitzen (X_aY). Aufgrund dieser **Hemizygotie** erscheint der Genotyp des X-Chromosoms automatisch im Phänotyp.

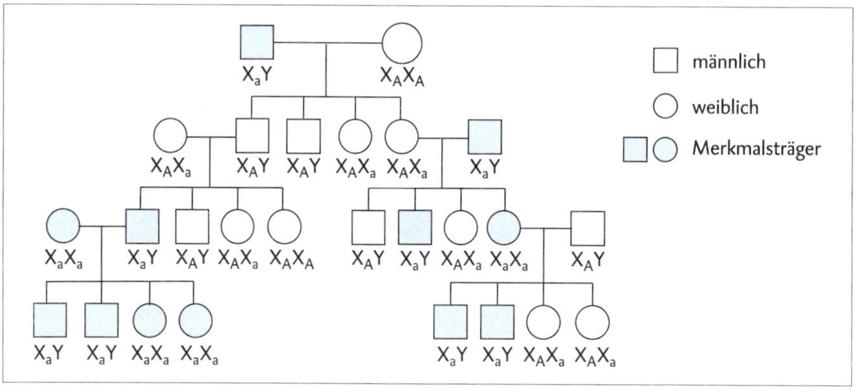

Abb. 11: Schema des Erbgangs (Modell-Stammbaum)

Damit ein erkrankter Sohn auftritt, „reicht es", wenn die Mutter Überträgerin der Krankheit ist. Eine Tochter dagegen kann nur krank sein, wenn die Mutter Überträgerin oder selbst erkrankt ist und auch der Vater Merkmalsträger ist (da er sein verändertes X-Chromosom an die Tochter weitergeben muss, damit bei ihr eine Homozygotie bezüglich der Erkrankung vorliegt).

Beispiele

Bei **Rot-Grün-Schwäche** können die Farben Rot und Grün nicht oder nur schlecht unterschieden werden. Personen mit Rot-Grün-Schwäche haben einen veränderten Farbeindruck gegenüber Normalsichtigen.
Als physiologische Ursache nimmt man heute an, dass den Abstufungen der Rot-Grün-Schwäche bis hin zur Rotgrünblindheit zwei eng gekoppelte Genorte (für Rot bzw. Grün) mit je drei Allelen zugrunde liegen: normalsichtig, rotschwach oder rotblind bzw. grünschwach oder grünblind. Dabei sei immer die stärkere Störung rezessiv gegenüber der geringeren bzw. der Normalsichtigkeit (Dominanzreihe).

Bei Menschen mit der **Bluterkrankheit (Hämophilie)** beträgt die Blutgerinnungszeit mehr als 15 Minuten (normalerweise 5–9 Minuten). Große Verletzungen und innere Blutungen führen ohne medizinische Hilfe zum Tod.
Derzeit sind 13 Faktoren bekannt, die an der Blutgerinnung mitwirken, von denen zwei für die Blutgerinnungsstörung der Hämophilie verant-

wortlich sind. So fehlt bei Hämophilie A der Faktor VIII (Antihämophiles Globulin); bei Hämophilie B der Faktor IX (Christmas-Faktor).

Normalerweise führen diese Faktoren zur Bildung von Fibrin aus der Vorstufe Fibrinogen. Fibrinfäden verfestigen den Pfropf aus Blutplättchen bei der Wundheilung. Fallen die Faktoren aufgrund einer Genmutation aus, können keine Fibrinfäden mehr gebildet werden.

Zusammenfassung

- Bei den Blutgruppen des Menschen liegt multiple Allelie vor, d. h. das die Blutgruppe bestimmende Gen kommt in mehr als zwei Ausprägungen vor.
- Die Allele A und B bedingen die Ausbildung von Antigenen, die von spezifischen Antikörpern erkannt werden können. Dies nutzt man zur Blutgruppenbestimmung vor einer Transfusion oder zum Vaterschaftsausschluss.
- Das Blutserum enthält ebenfalls Antikörper gegen fremde Antigene des AB0-Systems. Bei der Transfusion einer falschen Blutgruppe können daher lebensgefährliche Komplikationen auftreten. z.B. Agglutination ⇒ Verstopfung der Arterien/Venen
- Mutationen (Veränderungen des Erbgutes) sind die Ursachen zahlreicher Erbkrankheiten beim Menschen.
- Genommutationen betreffen die Zahl der Chromosomen, man unterscheidet Veränderungen der Zahl der Körperchromosomen (autosomale Chromosomenzahlaberrationen, z. B. Trisomie 21) oder der Geschlechtschromosomen (gonosomale Chromosomenzahlaberrationen, z. B. Turner-Syndrom).
- Viele Erbleiden werden durch Genmutationen (Veränderungen innerhalb eines kurzen Abschnittes der DNA) ausgelöst. Da diese Krankheiten normalerweise monogen verursacht sind, gelten bei ihrer Vererbung die mendelschen Regeln.
- Autosomal-dominant vererbte Krankheiten treten bei homozygotem und heterozygotem Genotyp in Erscheinung. Heterozygote Merkmalsträger sind aber häufig weniger stark betroffen, da das intakte aber rezessive Allel die Defekte zumindest teilweise kompensieren kann (z. B. Marfan-Syndrom).
- Bei autosomal-rezessiv vererbten Leiden bricht die Krankheit nur bei homozygoten Trägern des rezessiven Allels aus. Heterozygote sind phänotypisch gesund, sind aber gleichzeitig Konduktoren, d. h. sie können das veränderte Allel auf die Nachkommen übertragen (z. B. Phenylketonurie).
- X-chromosomal-rezessive Erbleiden treten bei Männern aufgrund ihrer Hemizygotie (XY) weit häufiger auf als bei Frauen. Weibliche Personen erkranken nur, wenn sie von Vater und Mutter ein verändertes X-Chromosom geerbt haben, also homozygot sind. Heterozygote Frauen sind selber nicht erkrankt; sie sind aber Konduktorinnen (z. B. Rot-Grün-Schwäche).

Aufgaben

19 Vor jeder Bluttransfusion wird die so genannte „Kreuzprobe" zur Feststellung der Blutgruppenverträglichkeit durchgeführt. Dabei werden als „Majorprobe" Spendererythrozyten (rote Blutkörperchen) mit Empfängerplasma (Blutserum) und als „Minorprobe" Spenderserum mit Empfängererythrozyten zusammengebracht. Als Kontrolle mischt man Empfängerserum und Empfängererythrozyten.

a Welche Reaktion erfolgt bei der Unverträglichkeit von Serum und Erythrozyten?

b In welchen Fällen ist die Unverträglichkeitsreaktion nicht zu erwarten?

c Weshalb wird der Aufwand mit Major-, Minor- und Kontrollreaktion betrieben?

20 In einer Entbindungsstation wurden in der Nacht vier Kinder geboren und versehentlich nicht gekennzeichnet. Ihre Blutgruppen konnten als A, AB, B und 0 ermittelt werden. Die vier Elternpaare hatten die Blutgruppen:

AB und 0   A und A   0 und 0   AB und B

Auf welche Weise konnten die Kinder eindeutig ihren Eltern zugewiesen werden?

21 a Woran erkennt man phänotypisch das Down-Syndrom?

b Wie erklärt man sich das Zustandekommen der Krankheitsursachen?

c Könnten Frauen mit Trisomie 21 von erbgesunden Männern phänotypisch gesunde Kinder zur Welt bringen?

22 Eine zweiundvierzigjährige Frau kommt mit ihrer dreijährigen Tochter zur genetischen Beratungsstelle. Das Mädchen zeigt eindeutig das Down-Syndrom. Die Mutter ist wieder schwanger und fragt, ob ihr nächstes Kind auch Trisomie 21 haben wird. Übernehmen Sie die Rolle des Beraters. Begründen Sie Ihre Aussagen!

23 Im Karyogramm eines Neugeborenen findet man neben zwei normalen Autosomensätzen vier X-Chromosomen und ein Y-Chromosom.

a Um welche Art von Störung handelt es sich hierbei?

b Zeigen Sie anhand einer Skizze, wie diese Störung entstanden sein kann.

24 Welchen Geschlechtschromosomen-Typus besitzt eine Turner-Frau? Skizzieren Sie die möglichen Wege der Entstehung!

25 In Einzelfällen können beim Mann Spermien mit zwei X-Chromosomen oder mit zwei Y-Chromosomen gebildet werden.

Erläutern Sie unter Verwendung der entsprechenden Fachbegriffe je eine Möglichkeit für die Bildung der oben genannten Keimzellen!

26 Brachydaktylie (Kurzfingrigkeit) ist im heterozygoten Zustand eine harmlose Anomalie. Im homozygoten Zustand fehlen nicht nur Finger und Zehen völlig – es treten zusätzliche multiple Missbildungen auf, die bereits im Kindesalter zum Tode führen.
Eine junge Frau hat wie ihre Mutter normale Finger, obwohl ihr Vater die Anomalie aufweist. Sie ist mit einem Mann verheiratet, dessen Mutter und Vater sowie die Großmutter mütterlicherseits wie auch er selbst kurzfingrig sind. Der Bruder des Mannes ist „gesund", eine Schwester ist kurz nach der Geburt wegen multipler Missbildungen verstorben. Aus dieser Ehe gingen drei kurzfingrige und ein normales Kind hervor.

a Erstellen Sie den Stammbaum der Familien und kennzeichnen Sie kurzfingrige Personen!
b Um welche Art von Vererbung handelt es sich? Geben Sie die Genotypen aller Personen an.
c Entspricht die Häufigkeit der Anomalie bei den Kindern der theoretischen Wahrscheinlichkeit? Begründung!
d Wie wäre das Krankheitsbild der Kinder, wenn die Frau den Bruder ihres Mannes geheiratet hätte? Begründung!

27 a Um welchen Erbgang handelt es sich im folgenden Stammbaumschema? Begründung!

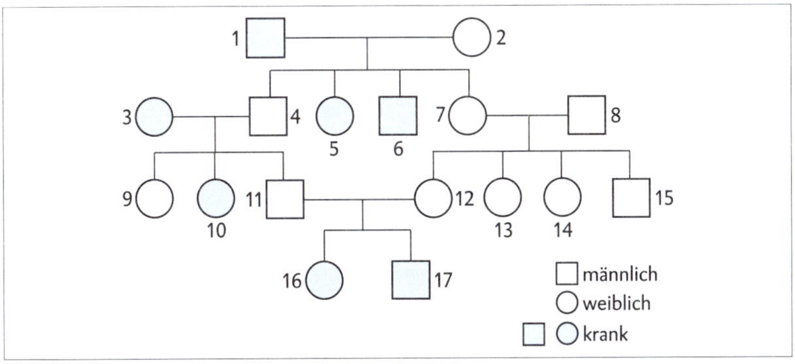

b Ordnen Sie den Personen 1 bis 17 die entsprechenden Genotypen zu!
c Wie groß ist die Wahrscheinlichkeit, dass ein phänotypisch gesundes Ehepaar wie im Beispielstammbaum zwei Kinder bekommt, die Merkmalsträger sind?

28 Der nebenstehende Stammbaum zeigt das Auftreten von Phenylketonurie (farbig markiert) in einer Familie:

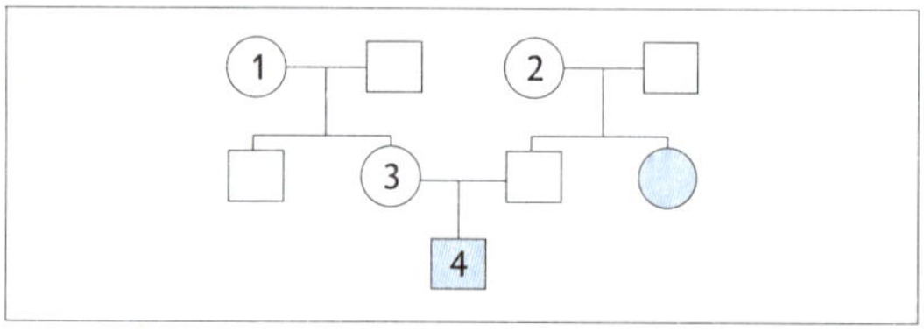

a Um welche Art des Erbgangs handelt es sich? Begründen Sie Ihre Antwort aus dem Stammbaumschema und ordnen Sie den Personen 1–4 die entsprechenden Genotypen zu!

b Welche Auswirkungen hat der genetische Defekt auf die Entwicklung des neugeborenen Kindes Nr. 4?

c Wie lassen sich die Auswirkungen dieses Erbleidens heute verhindern?

29 Erläutern Sie die beiden grundsätzlichen Folgen eines „Stoffwechselblocks“ am Beispiel des Tyrosinstoffwechsels!

30 Erklären Sie das Prinzip der Erkennung Heterozygoter (Heterozygotentest) nach den Gesetzmäßigkeiten der Genetik!

31 Das Sichelzellgen ist in Deutschland so selten, dass die Krankheit Sichelzellanämie bei einem Deutschen noch nie beobachtet wurde. Bei amerikanischen Farbigen ist sie mit 1 : 400 die häufigste Erbkrankheit.
Erklären Sie den Unterschied in der Genfrequenz!

32 Beim X-chromosomalen Erbgang spricht man von Hemizygotie des Mannes und von der Frau als Konduktorin.
Erläutern Sie die beiden Begriffe!

33 Nennen Sie die möglichen Genotypen und Phänotypen der Eltern

a bei einem rotgrünblinden Mädchen bzw.

b bei einem rotgrünblinden Jungen.

34 Ein phänotypisch gesundes Ehepaar hat vier Söhne. Ein Sohn ist gesund, der zweite Bluter, der dritte rotgrünblind und der vierte Bluter und rotgrünblind.

a Welchen Genotyp haben die Eltern, wenn eine Spontanmutation ausgeschlossen wird? Begründung!

b Wie lässt sich erklären, dass die vier Phänotypen in einer Familie auftreten? Erklären Sie dies mithilfe schematischer Darstellungen!

4 Genetische Familienberatung

Die genetische Familienberatung dient der Erkennung möglicher genetischer Risiken für Erbkrankheiten sowie einer gezielten Therapie erblicher Stoffwechselkrankheiten oder Enzymdefekte.

Als **Indikationen** für die genetische Beratung bei einem Kinderwunsch gelten:

- ein genetisch bedingtes Leiden bei einem Elternteil,
- das Auftreten von Erbkrankheiten in der eigenen Familie und/oder in der des Ehepartners,
- das Auftreten eines Kindes mit körperlichen Fehlbildungen oder geistigem Entwicklungsrückstand in der Familie,
- mögliche Schädigung des Embryos durch Umwelteinflüsse,
- höheres Alter der Eltern, besonders der Mutter,
- Verwandtenehe (da hier die Wahrscheinlichkeit des Zusammentreffens von zwei Überträgern der gleichen rezessiven Krankheit steigt).

Grundlagen der genetischen Beratung sind

- die Erstellung eines Familienstammbaumes,
- die Erhebung der persönlichen genetischen Risikofaktoren,
- eine Chromosomenanalyse, biochemische und/oder molekularbiologische (gentechnologische) Untersuchungen. Durch Heterozygotentests (siehe PKU, S. 33 f.) oder Gendiagnose (siehe S. 77 f.) können Gendefekte nachgewiesen werden, die im Phänotyp nicht sichtbar werden (da sie rezessiv sind und heterozygot auftreten oder sich erst in einem späteren Lebensstadium manifestieren).
- pränatale Diagnostik.

4.1 Risikoabschätzung durch Stammbaumanalysen

Zur Einschätzung der Wahrscheinlichkeit, mit der eine Erbkrankheit bei den Kindern eines Paares auftreten kann, wird ein Familienstammbaum erstellt, der mindestens drei Generationen umfasst, unter Berücksichtigung möglicherweise erfolgter Fehlgeburten. Stammbaumanalysen sind allerdings nur dann sinnvoll, wenn ein monogen bedingtes Erbleiden vorliegt. Bei Erkrankungen, die zwar vererbt werden können, bei denen aber ein komplexerer Erbgang mit mehreren betroffenen Genen zugrunde liegt, können nur Abschätzungen auf der Basis der Häufigkeit des Auftretens in der Familie getroffen werden.

Autosomal-dominante Erbleiden

In einer Partnerschaft, in der ein Partner ein autosomal-dominantes Erbleiden zeigt, liegt das Risiko für ein erkranktes Kind (je nach Durchschlagkraft der Krankheit im Phänotyp, siehe S. 31) bei ≤ 50 %. Da sich der kranke Phänotyp sowohl im hetero- als auch im homozygoten Zustand zeigt, erben 50 % der Nachkommen (statistisch) das dominante Allel.
Gesunde Eltern, die ein Kind mit einem Erbleiden hoher Penetranz bekommen haben, müssen bei einem weiteren Kind kein erhöhtes Risiko erwarten – das Leiden muss als Neumutation aufgetreten sein.

Autosomal-rezessive Erbleiden

In einer Familie, in der bereits ein krankes Kind aufgetreten ist, liegt das Risiko für das nächste Kind bei 25 %, da als Ursache der Krankheit für beide Eltern Heterozygotie angenommen werden muss.
Die Kinder eines homozygot Kranken mit einem Heterozygoten spalten sich im Verhältnis 1 : 1 (gesund : krank) auf. Ist der Partner homozygot gesund, sind alle Kinder heterozygot und daher phänotypisch gesund.
Bei autosomal-rezessiven Erbleiden ist der Heterozygoten-Test (siehe S. 34) angebracht, wenn ein Risiko aus dem Stammbaum ersichtlich ist.

X-chromosomal-rezessive Erbleiden

Das Erkrankungsrisiko beträgt für:

Töchter	0 %,	aber sie sind zu 50 % Konduktorin bei heterozygoter Mutter bzw. 100 % Konduktorin bei homozygot kranker Mutter.
Söhne	50 %,	wenn der Vater phänotypisch gesund und die Mutter Konduktorin ist bzw.
	100 %,	wenn die Mutter homozygot krank ist.

Ist der Vater krank und die Mutter gesund, so sind alle Töchter heterozygot und damit Konduktorinnen. Die Söhne sind in diesem Fall alle gesund, da sie nur das Y-Chromosom vom Vater erben können (Hemizygotie).

4.2 Pränatale Diagnose

Bei Verdacht auf autosomale Chromosomenzahlaberrationen (körperlicher Entwicklungsrückstand, Abweichungen vom normalen Erscheinungsbild an Kopf, Händen und Füßen, Auffälligkeiten der Hautleisten und Fehlbildungen der inneren Organe) ist eine Chromosomenanalyse der Eltern zu empfehlen bzw. beim Fetus die pränatale Diagnose.

Pränatale Diagnose ist außerdem angezeigt bei:

- Verdacht auf Chromosomenaberration (bei erhöhtem Alter der Eltern, vorangegangenem Kind mit Chromosomenanomalie).
- X-chromosomal-rezessivem Erbleiden (wenn die Mutter Konduktorin für ein Erbleiden ist, das sich biochemisch nicht feststellen lässt) in Form einer Geschlechtsbestimmung, da Knaben ein Erkrankungsrisiko von 50 % haben.
- Heterozygotie der Eltern für einen rezessiv vererbten Stoffwechsel- oder Enzymdefekt (bereits ein erkranktes Kind).
- genetischem Risiko für einen Neuralrohrdefekt (offene Spaltbildung des Gehirns oder Rückenmarks).

Die pränatale Diagnostik stützt sich auf verschiedene Analysemethoden, z. B. Ultraschalluntersuchungen oder die Entnahme von Zellmaterial durch Chorionzottenbiopsie, Amniozentese, Nabelschnurpunktion für biochemische Untersuchungen, Chromosomenanalysen oder Gentests.

Art der Untersuchung	Schwangerschaftswoche	Analysendauer	Fehlgeburtrisiko
Chorionzottenbiopsie	8.–10. Woche	1–8 Tage	ca. 3 %
Amniozentese	16. Woche	2–3 Wochen	0,5–1 %
Nabelschnurpunktion	ab 20. Woche	1 Woche	0,5–1 %

Tab. 8: Methoden der pränatalen Diagnose

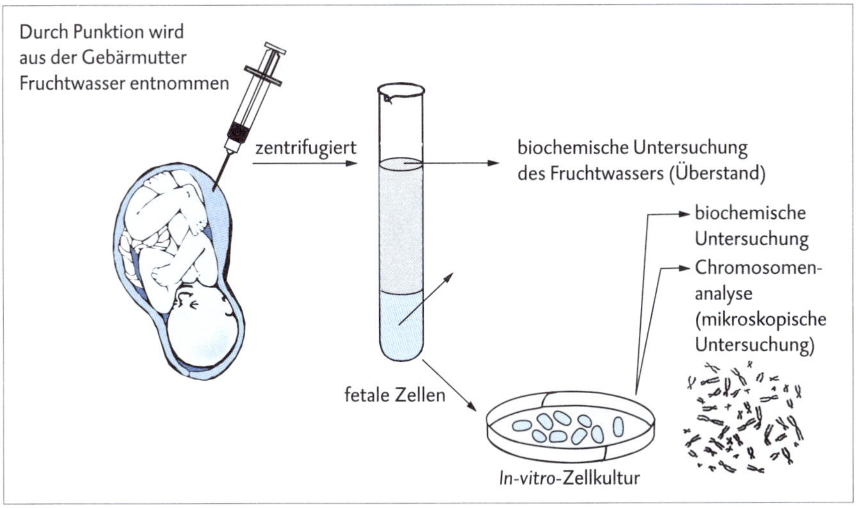

Abb. 12: Ablaufschema der Amniozentese

4.3 Eugenik oder Erbhygiene

Unter Eugenik versteht man Eingriffe in das Erbgut des Menschen mit dem Ziel,

- es im derzeitigen Zustand zu erhalten, also die Ausbreitung von krankheitsauslösenden Allelen zu verhindern (negative oder präventive Eugenik), oder
- es zu verbessern, also die Ausbreitung von bestimmten positiven Merkmalen zu fördern (positive oder progressive Eugenik).

Im Bereich der präventiven Eugenik werden u. a. folgende Maßnahmen angewandt:

- genetische Familienberatung (s. o.)
- Eheverbot (z. B. unter Blutsverwandten 1. Grades)
- freiwillige oder gesetzlich festgelegte Sterilisation (in einigen Staaten der USA)
- Mutationsprophylaxe (Untersuchung von Nahrungsmitteln, Medikamenten, Kosmetika sowie chemischen Substanzen und Stoffen im Hinblick auf mutagene Wirkung; Schutz vor mutationsauslösender Strahlung)

Trotz aller heute angewandten präventiven eugenischen Maßnahmen – positive Eugenik beim Menschen spielt in der Praxis kaum eine Rolle – gelingt es nicht, eine Verschlechterung des menschlichen **Genpools** (Gesamtheit der Gene aller heute lebenden Menschen) zu verhindern. Diese Verschlechterung wird durch zwei wesentliche Faktoren bestimmt:

- Durch den medizinischen Fortschritt wird der Selektionsdruck beim Menschen zunehmend verringert. Gewaltige Fortschritte in der Medizin in den letzten Jahrzehnten haben bewirkt, dass Menschen mit Krankheiten oder Erbleiden das Fortpflanzungsalter erreichen, die früher vor Eintritt der Geschlechtsreife gestorben wären oder sich aufgrund ihrer Krankheit nicht fortgepflanzt hätten (z. B. Phenylketonurie). Zeugen sie Nachkommen, tragen sie zur Verbreitung der defekten Gene bei.
- Gleichzeitig wird die Mutationsrate in letzter Zeit immer mehr erhöht. Der Mensch wurde, wie alle Lebewesen, im Lauf von zwei Millionen Jahren durch Mutation und Selektion sehr gut an seine Umwelt angepasst. Neue Mutationen wirken sich daher fast immer nachteilig aus. Der Einsatz und die Verwendung unzähliger synthetisch gewonnener chemischer Stoffe und die steigende Umweltbelastung führen zur Zunahme mutagener Substanzen. Die damit verbundene Erhöhung der Mutationsrate bewirkt daher zwangsläufig eine Verschlechterung des menschlichen Genpools.

Die genetische Familienberatung trägt dazu bei, die Verschlechterung des Genpools zu verlangsamen. Sie wird aber nicht wegen dieses Effekts durchgeführt, sondern ihr eigentliches Ziel besteht darin, menschliches Leid zu verhindern oder zu vermindern. In die gleiche Richtung zielen aber gesellschaftliche und kulturelle Auslesefaktoren bereits seit Bestehen der Menschheit, wie Sitten und Gebräuche bei der Partnerwahl oder die Chancenverteilung bei der Familiengründung und -förderung.

Zusammenfassung

- Genetische Familienberatung ist angezeigt, wenn in einer Familie z. B. das Auftreten einer Erbkrankheit bekannt ist oder andere Risikofaktoren bestehen.
- Mithilfe von Familienstammbäumen können Aussagen über das Risiko des Auftretens einer monogen vererbten Krankheit bei den Nachkommen gemacht werden.
- Mit den Methoden der pränatalen Diagnose, z. B. der Amniozentese, können Ungeborene auf mögliche Anomalien untersucht werden.
- Ziel der Eugenik ist die Verbesserung des Genbestandes der Menschheit (Einschränkung negativer und Förderung positiver Genkonstellationen).

Aufgabe 35 Die genetische Familienberatung stützt sich u. a. auf Wahrscheinlichkeitsvoraussagen. So wird z. B. das Risiko für ein krankes Kind bei einem autosomal-dominanten Erbleiden eines Elternteils mit ≤50 % und bei einem autosomal-rezessiven Erbleiden mit 25 % angesetzt, wenn beide Elternteile phänotypisch gesund sind.

a Lassen sich die Voraussagen mit den mendelschen Regeln vereinbaren?

b Diskutieren Sie mögliche Gründe für die in der Praxis beobachtbaren Abweichungen von den statistischen Voraussagen!

5 Einfluss der Umwelt auf die Merkmalsausprägung

Werden völlig erbgleiche Individuen (Klone) vegetativ vermehrt oder untereinander gekreuzt, so müssten sich die Nachkommen theoretisch auch nach Generationen noch völlig gleichen. Egal ob beim vegetativ vermehrten Pantoffeltierchen oder beim Menschen (eineiige Zwillinge) – bereits innerhalb einer Generation treten deutliche Unterschiede im Aussehen auf. Dies ist auf den Einfluss der „Umwelt im weitesten Sinne" zurückzuführen, dem jeder Organismus unterworfen ist.

Modifikationen

Die Einzelbedingungen (Umweltfaktoren) finden im Organismus zwei Angriffsstellen, den Genotyp und den Phänotyp.
Bewirken Umweltfaktoren eine Veränderung des Genotyps, so spricht man von Mutation (siehe S. 63 f.). Wirken die Umweltfaktoren dagegen auf den Phänotyp (Realisierung der Gene) ein, so spricht man von Modifikation.

Modifikatorische Variationen sind Änderungen des Phänotyps, deren Ausprägung nicht weitervererbt wird.

Das Erscheinungsbild von Tieren und Pflanzen mit dem gleichem Genotyp schwankt um einen Mittelwert (Glockenkurve, Gaußsche Verteilungskurve). Die Variationsbreite (**Reaktionsnorm**), innerhalb derer die Ausprägung der einzelnen Merkmale schwanken kann, ist durch die Erbanlagen bestimmt.

Beispiel

Durch intensives Training kann die Muskulatur verstärkt werden. Kinder trainierter Sportler sind aber nicht automatisch ebenfalls muskulös. Genetisch festgelegt und damit vererbbar ist dabei nur die Variationsbreite, innerhalb derer der Trainierende seine Muskulatur aufbauen kann.

Problematik quantitativer Aussagen zum Erbe-Umwelt-Anteil

Eine für die Menschheit interessante Frage war schon immer, ob menschliche Merkmale und Fähigkeiten biologisch oder umweltbedingt sind. Zwei gegensätzliche Lager gingen von der alleinigen Dominanz des Erbes (Anlagen- oder Erbtheorie) bzw. von der Vorherrschaft der Umweltbedingungen (Milieutheorie) aus. Heute ist klar, dass sowohl das Erbe als auch die Umwelt einen Anteil an den allermeisten Merkmalsausprägungen hat. Aber auch heute noch wird sowohl zwischen den Disziplinen (Psychologie, Soziologie, Biologie,

Humangenetik) als auch innerhalb der einzelnen Disziplinen darüber diskutiert, zu welchen Teilen Erbe und Umwelt über die Ausprägung einzelner Merkmale entscheiden. In den meisten Fällen sind die Verflechtungen aber so komplex, dass keine einfache Antwort auf diese Frage möglich ist.

Beispiel

Eine Infektionskrankheit ist die Auseinandersetzung des Immunsystems des Körpers mit dem Krankheitserreger. Die Ausprägung des Krankheitsbildes hängt dabei nicht nur von der Art und Menge des Erregers ab, sondern vor allem von der immunologischen Konstitution des Menschen, die zum großen Teil ererbt ist, aber auch – wie allgemein bekannt – vom jeweiligen Vitalitätszustand abhängt (hohe Infektionsrate im angeschlagenen Zustand; HIV-Aktivierung bei Schwächung des Immunsystems durch Infekte).

Besonders entzündet sich die Diskussion um den Erbe-Umwelt-Anteil einer Merkmalsentfaltung hinsichtlich der Intelligenz. Es war lange Zeit umstritten, ob Intelligenz beim Menschen überhaupt vererbbar ist. Antworten auf diese und andere Fragen zum Erbe-Umwelt-Anteil versucht die **Zwillingsforschung** zu geben, indem sie zwei Arten von Zwillingen vergleicht:

- Eineiige Zwillinge (EZ), die aus einer Zygote hervorgehen und daher identische Erbanlagen haben. Alle Merkmalsunterschiede beruhen somit auf der Wirkung von Umweltfaktoren.
- Zweieiige Zwillinge (ZZ) dagegen entstehen durch die Befruchtung von zwei Eizellen durch zwei Spermien. Sie entsprechen damit genetisch normalen Geschwistern und stimmen wie diese – statistisch gesehen – in der Hälfte ihres Erbgutes überein. Merkmalsunterschiede beruhen deshalb sowohl auf genetischen als auch auf Umweltfaktoren.

Das Prinzip der Zwillingsforschung ist also die Erbgleichheit eines EZ-Paares und die Erbungleichheit eines ZZ-Paares. Aus den vier möglichen Kombinationen (EZ – gleiche Umwelt; EZ –verschiedene Umwelt; ZZ – gleiche Umwelt; ZZ – verschiedene Umwelt) versucht man, Rückschlüsse auf den Einfluss von Erbe und Umwelt zu ziehen.
Dabei gibt es vollkommene Übereinstimmung (Konkordanz) eigentlich nur bei monogenen Merkmalen, wie Enzymen, Blutgruppen u. a. Wenige polygene Merkmale, wie Iris- und Haarfarbe, sind ebenfalls umweltstabil. Bei komplexen Merkmalen begnügt man sich mit Korrelationen.
Unbestritten ist heute, dass die meisten körperlichen Merkmale überwiegend von Genen abhängen, da sie bei EZ ähnlich und bis ins Detail identisch sind

und sich über die Lebensphasen in gleicher Weise verändern können. Dazu gehört u. a. auch die Anfälligkeit für bestimmte Krankheiten.
Nicht mehr infrage gestellt wird weitgehend auch, dass Persönlichkeitsmerkmale wie z.B. Charakter, Intelligenz, Begabungen, Fähigkeiten und sogar Anfälligkeiten für Alkohol- oder Drogensucht, zumindest zum Teil auch eine genetische Grundlage haben. So führt man heute Intelligenzunterschiede zwischen Menschen zu zwischen 50 und 80 % auf genetische Faktoren zurück; für den Schulerfolg hingegen sind zu mehr als 80 % umweltbedingte Einflüsse maßgebend.

Krankheit/Merkmal	Auftreten bei EZ	Auftreten bei ZZ
Tuberkulose	50 %	22 %
Angeborene Hüftluxation	41 %	2,8 %
Endemischer Kropf	69,5 %	79,5 %
Schizophrenie	70 %	10 %
Kriminalität	55 %	13 %
depressive Psychosen	70 %	20 %
Epilepsien	61 %	12 %

Tab. 9: Weitere Untersuchungsbeispiele

Zusammenfassung

- Erbanlagen und die Einflüsse der Umwelt bestimmen gemeinsam das gesamte Erscheinungsbild eines Organismus.
- Modifikationen sind nicht erbliche Veränderungen des Phänotyps eines Individuums, die durch Umwelteinflüsse bewirkt werden. Die Reaktionsbreite, innerhalb derer die tatsächliche Ausprägung des betreffenden Merkmals schwanken kann, wird vererbt.
- Die Zwillingsforschung soll u. a. dazu beitragen, die Frage zu klären, wie groß der Anteil von Erbe und Umwelt bei der Ausprägung von menschlichen Merkmalen wie z. B. der Intelligenz ist.

Molekulargenetik

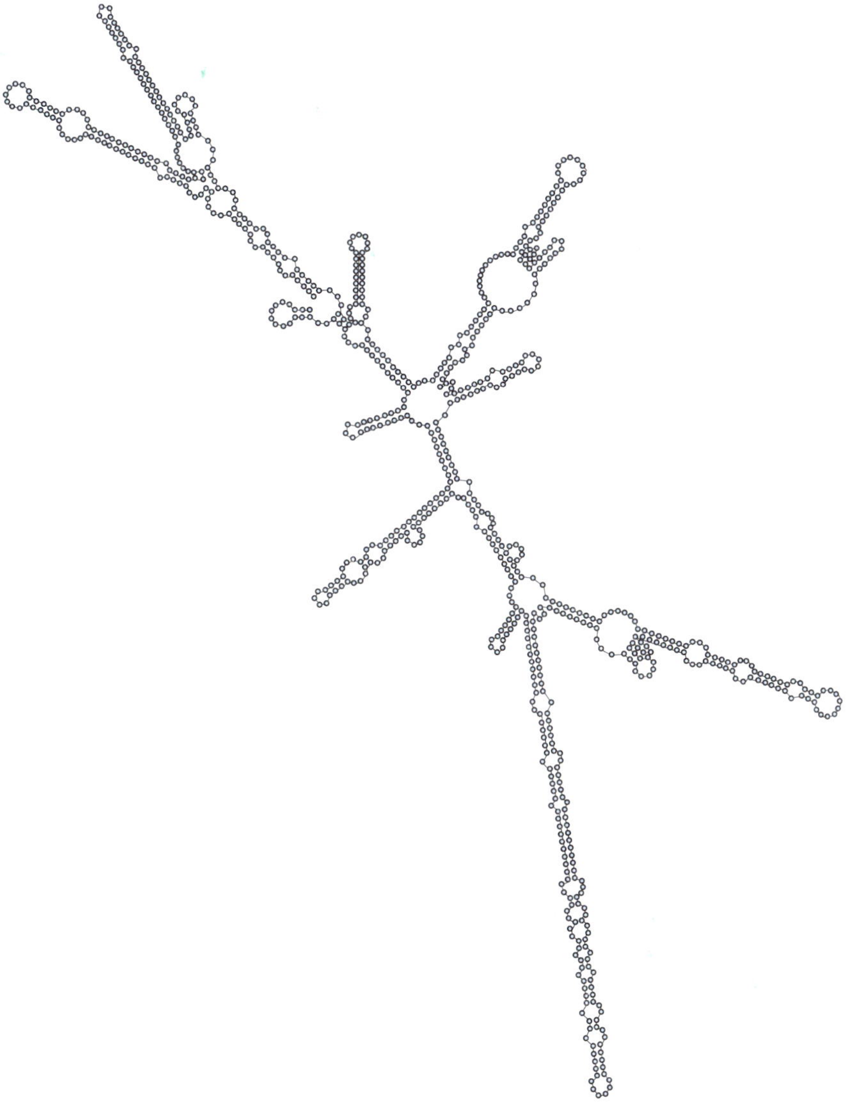

Nicht nur die DNA, sondern auch der Einzelstrang der RNA bildet durch komplementäre Basenpaarungen stabilisierte Sekundärstrukturen aus, die sich mit Computerprogrammen anhand der Basensequenz vorhersagen lassen, wie hier dargestellt.

6 Nukleinsäuren als Speicher der genetischen Information

6.1 Bausteine und Struktur der Nukleinsäuren

Bereits 1869 wurde im Zellkern (Nukleus) ein Molekül gefunden, das saure Eigenschaften besaß und daher als Nukleinsäure bezeichnet wurde. Als Bausteine der Kernsäuren entdeckte man neben Phosphorsäure und vier verschiedenen organischen Basen auch Zuckermoleküle und zwar je nach Nukleinsäuretyp Ribose bzw. Desoxyribose (Desoxyribose enthält ein Sauerstoffatom weniger als Ribose). Unter anderem aufgrund des verschiedenen Zuckerbestandteils unterscheidet man zwei Arten von Nukleinsäuren: die Ribonukleinsäure (RNS; engl. RNA von *acid*) und die Desoxyribonukleinsäure (DNS; engl. DNA).

Am Aufbau der Nukleinsäuren (DNA bzw. RNA) sind drei Grundbausteine beteiligt: **organische Basen, Zucker und Phosphatrest.**

Bezeichnung	Symbol
Phosphorsäure	P
Zucker:	Z
Desoxyribose (DNA)	D
Ribose (RNA)	R
Organische Basen:	B
Adenin	A
Guanin	G
Cytosin	C
Thymin (DNA)	T
Uracil (RNA)	U

Tab. 10: Bestandteile der Nukleinsäuren (DNA bzw. RNA)

Jeweils ein Zucker- und ein Phosphatmolekül sowie eine der vier organischen Basen bilden ein **Nukleotid**. Der Phosphatrest ist an das C5-Atom (5') des Zuckers gebunden, die Base an das C1-Atom.

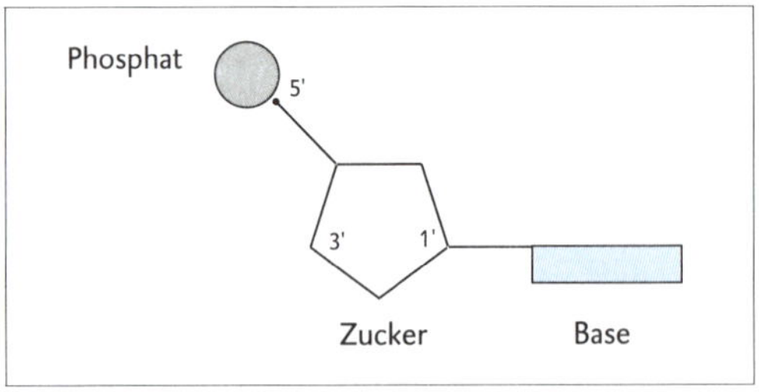

Abb. 13: Symbolische Darstellung eines Nukleotids

Nukleinsäuren bestehen aus einer langen Kette von Nukleotiden, die sich nur in der organischen Base unterscheiden (**Primärstruktur** der DNA/RNA). Die genetische Information ist in der Abfolge der Basen in dieser Kette gespeichert (siehe S. 61 f.).

Die einzelnen Nukleotide sind miteinander über das am C5-Atom (5') des Zuckers gebundene Phosphatmolekül und das C3-Atom (3') des nächsten Zuckers verbunden. Auf diese Weise entsteht eine lange Kette aus einer abwechselnden Folge von Zucker- und Phosphatmolekülen.

Die Enden der entstehenden Nukleinsäure-Kette sind nicht identisch. Nur an einem Ende befindet sich ein Phosphatrest, die DNA/RNA-Kette besitzt daher eine bestimmte „Richtung" oder **Polarität** (5' → 3').

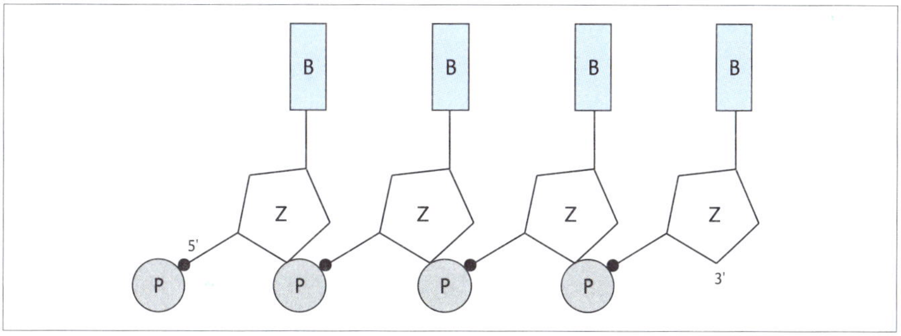

Abb. 14: Primärstruktur der Nukleinsäuren

Desoxyribonukleinsäure (DNA)

Elektronenmikroskopische Aufnahmen zeigen das DNA-Molekül als fadenförmiges unverzweigtes Gebilde (bei dem Bakterium *E. coli* ca. 2 mm lang).

Quantitative Bestimmungen der organischen Basen in der DNA ergaben, dass das molekulare Verhältnis zwischen Adenin : Thymin einerseits und Guanin : Cytosin andererseits stets 1 : 1 beträgt. Die Verhältnisse von Adenin : Cytosin bzw. Thymin : Guanin dagegen schwanken je nach untersuchtem Organismus.

Die beiden Wissenschaftler WATSON und CRICK schlossen hieraus und aus anderen Erkenntnissen, dass Adenin und Thymin sowie Guanin und Cytosin in der DNA stets paarweise vorliegen. Durch Wasserstoffbrückenbindungen zwischen diesen auch als **komplementär** bezeichneten Basen wird die Sekundärstruktur der DNA stabilisiert: Die DNA liegt als **Doppelstrang** vor. Die beiden Nukleotid-Stränge sind über die Wasserstoffbrücken zwischen den organischen Basen miteinander verbunden („Holme der Strickleiter"). Die Bindung ist aus räumlichen Gründen nur zwischen Adenin und Thymin (zwei

Wasserstoffbrückenbindungen) bzw. zwischen Guanin und Cytosin (drei Bindungen) möglich. Daher bestimmt die Basenfolge des einen Stranges diejenige des anderen – die Schwesterstränge sind zueinander komplementär wie beim Foto das Positiv zum Negativ (**Sekundärstruktur** der DNA).
Zwangsläufig ergibt sich aus den Bindungsverhältnissen auch eine gegenläufige Polarität (**Antiparallelität**) der beiden Zucker-Phosphat-Ketten des Doppelstrangs (5' → 3' bzw. 3' → 5').

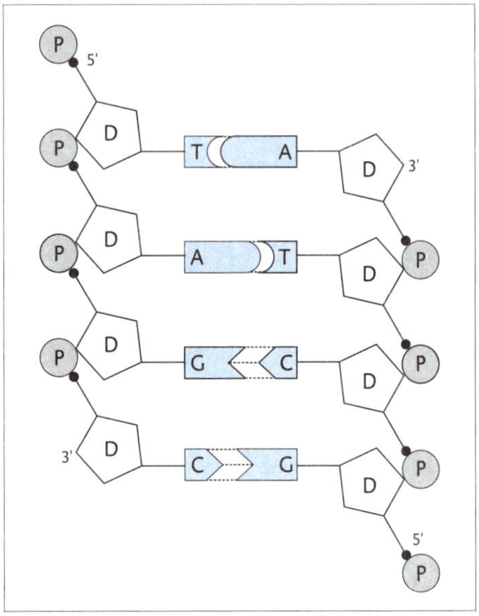

Abb. 15: Sekundärstruktur der DNA, („Strickleiter"-Modell)

Der Doppelstrang ist um eine gemeinsame Achse gewunden und bildet so eine **Doppelhelix** (bzw. -schraube). Nach jeweils 10 Basenpaaren ist eine vollständige Schraubenwindung durchlaufen (**Tertiärstruktur** der DNA).

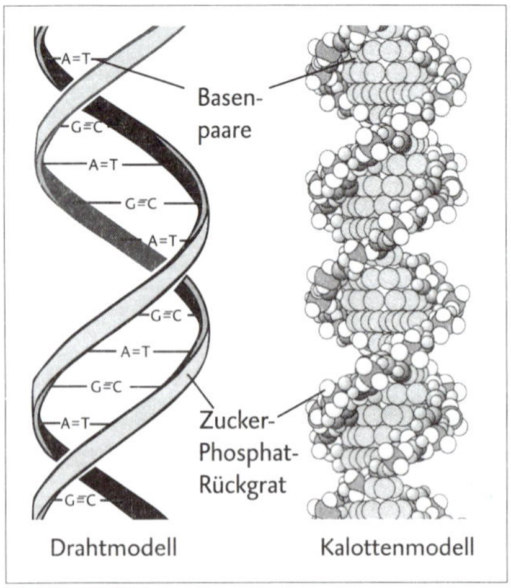

Abb. 16: Tertiärstruktur der DNA (Watson-Crick-Modell)

Ribonukleinsäure (RNA)

Wie schon erwähnt besteht die RNA wie die DNA aus zahlreichen Nukleotiden, die durch Veresterung zwischen Phosphorsäure und dem Zucker miteinander zum Strang verbunden sind.
Die Unterschiede zur DNA sind:

- Der Zucker ist eine **Ribose** (statt Desoxyribose).
- Die Base Thymin ist ersetzt durch die chemisch sehr ähnliche Base **Uracil**. Uracil paart sich ebenfalls mit Adenin.
- RNA-Moleküle sind deutlich kürzer als DNA-Molküle und liegen als **Einzelstrang** vor. Sie können jedoch durch Rückfaltung und intramolekulare Basenpaarungen abschnittweise als Doppelstrang erscheinen.
- RNA tritt in drei unterschiedlichen Funktionsformen auf: transfer-RNA (tRNA), ribosomale RNA (rRNA) und messenger- oder Boten-RNA (mRNA) (Bedeutung siehe S. 60).

6.2 Identische Replikation der DNA

Die genetische Information wird während der Mitose und Zellteilung von einer Zelle zur anderen weitergegeben. Die DNA als Trägerin dieser Information muss gewährleisten, dass dies ohne Fehler geschieht. Die Doppelsträngigkeit der DNA spielt eine wichtige Rolle bei der Verdopplung.
Da die Basen der doppelsträngigen DNA nur durch die relativ schwachen Wasserstoffbrückenbindungen zusammengehalten werden, können die Einzelstränge stellenweise leicht durch ein Enzym voneinander getrennt werden. Der Doppelstrang der DNA teilt sich dabei nach Art eines Reißverschlusses in zwei Hälften. An jedem nun frei liegenden Einzelstrang wird ein neuer komplementärer und antiparalleler Strang synthetisiert.

Der Doppelstrang der neu gebildeten DNA setzt sich aus einem „alten" und einem neu gebildeten Strang zusammen (**semikonservative Replikation**).

Überblick über den Ablauf der semikonservativen Replikation:

- Öffnung der DNA-Doppelhelix an bestimmten Startpunkten zur Replikationsgabel durch ein Enzym (**Helicase**)
- Anlagerung komplementärer freier Nukleotide an die frei liegenden Basen der beiden Einzelstränge entgegen der Polarität des jeweiligen Stranges (Bildung von Wasserstoffbrückenbindungen)

- Verknüpfung zu zwei identischen Doppelsträngen: Die nun antiparallel zum vorhandenen Einzelstrang angeordneten Nukleotide werden über die Zucker- und Phosphatreste durch ein weiteres Enzym (**DNA-Polymerase**) miteinander verbunden. Aufgrund der Polarität der Nukleotide kann die Verknüpfung nur in 5' → 3'-Richtung stattfinden.
- Nur an einem der beiden Stränge, dem Leitstrang (3' → 5'), kann die DNA-Synthese kontinuierlich erfolgen, da die DNA-Polymerase hier einfach hinter der Helicase am sich öffnenden DNA-Doppelstrang herwandern und die Verknüpfung der Nukleotide in 5' → 3'-Richtung vornehmen kann. Am anderen Strang, dem sog. Folgestrang (5' → 3'), muss die DNA-Polymerase dagegen von der Replikationsgabel weg arbeiten. Hier ist die DNA-Synthese folglich nur in kurzen Stücken (**Okazaki-Fragmente**) möglich, die anschließend durch das Enzym **Ligase** miteinander zum durchgehenden Strang verknüpft werden.

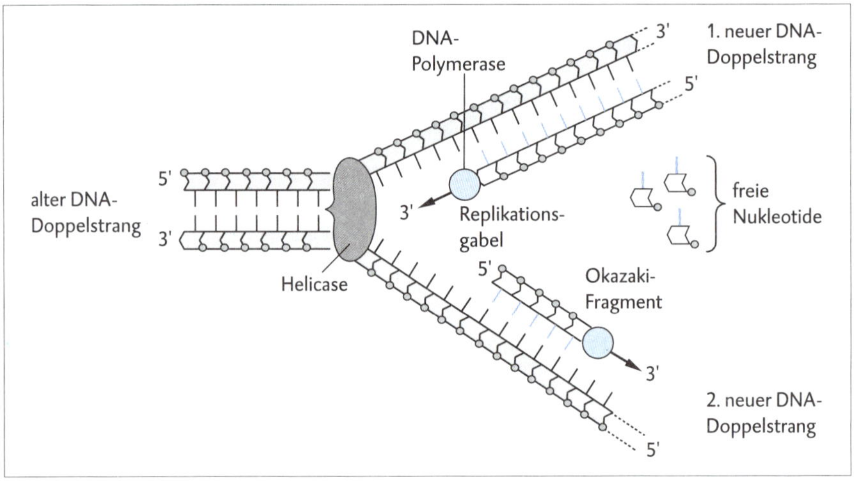

Abb. 17: Ablauf der identischen Replikation der DNA

Zusammenfassung

- Nukleotide bestehen aus einem Zucker- und einem Phosphatmolekül sowie einer organischen Base.
- Nukleinsäuren sind lange Ketten aus Nukleotiden, die durch Verknüpfungen zwischen Phosphat- und Zuckerresten entstehen. Durch die unterschiedlichen Enden ergibt sich eine Polarität (5'→3').
- DNA ist doppelsträngig und enthält die Basen Adenin, Thymin, Cytosin und Guanin. Zwischen A und T bzw. G und C können sich Wasserstoffbrückenbindungen ausbilden, die die DNA-Doppelhelix stabilisieren. Die beiden Einzelstränge der DNA sind zueinander komplementär und verlaufen antiparallel.
- RNA ist einzelsträngig, enthält als Zucker Ribose und die Base Thymin ist durch Uracil ersetzt. Es gibt drei Arten mit unterschiedlicher Funktion: tRNA, rRNA und mRNA.
- Der semikonservative Mechanismus der identischen Replikation der DNA sichert die Weitergabe der Erbinformation an die Tochterzellen. An jedem DNA-Einzelstrang wird mithilfe der komplementären Basenpaarung aus freien Nukleotiden ein neuer Strang synthetisiert.

Aufgaben

36 Wie lauten die Molverhältnisse der folgenden Komponenten im DNA-Molekül?
   a Zucker : Phosphat
   b Adenin : Guanin
   c Cytosin : Thymin
   d Thymin : Adenin

37 Skizzieren Sie einen Ausschnitt aus der Sekundärstruktur eines DNA-Moleküls.

38 Was sind die wesentlichen Unterschiede im Aufbau zwischen RNA und DNA?

39 Welchen Vorteil hat Ihrer Meinung nach eine doppelsträngige gegenüber einer einsträngigen Nukleinsäure als Erbsubstanz?

40 a Zeigen Sie an einer beschrifteten Schemazeichnung der DNA, wie man sich die semikonservative Verdopplung der genetischen Information vorstellt!
   b Angenommen, man könnte ein Basenpaar in der Telophase der Mitose durch Färbung markieren. In welcher der Folgegenerationen wird man zum ersten Mal DNA ohne gefärbte Basen finden?
   Begründen Sie dies anhand von Skizzen!

7 Molekulare Wirkungsweise der Gene

Erbanlagen oder Gene sind verantwortlich für die Ausprägung bestimmter Merkmale eines Organismus. Gene sind definierte Abschnitte auf der DNA, die abgelesen werden. Die Information der meisten Gene wird in Proteine übersetzt. Deren Rolle im Stoffwechsel führt anschließend zum beobachtbaren Merkmal. Andere Gene steuern die Bildung der Proteine und tragen so zu einem geregelten Ablauf der Lebensprozesse bei.

Ein **Gen** ist molekulargenetisch betrachtet ein DNA-Abschnitt, dessen Information in ein Genprodukt übersetzt wird und zur Ausbildung eines Merkmals beiträgt. Das Genprodukt ist in den meisten Fällen ein Polypeptid bzw. Protein.

7.1 Bauprinzip und Bedeutung der Proteine

Proteine (Eiweiße) sind die am Auf- und Umbau lebender Organismen am stärksten beteiligte Stoffklasse. Nach ihrer Gestalt und der dadurch bedingten Funktion lassen sich zwei Großgruppen unterscheiden:

- Faserproteine: Strukturproteine, z. B. Kollagen, die Grundsubstanz der Sehnen, Bänder, Knorpel und Knochen
- globuläre Proteine: runde bzw. ellipsenförmige Gestalt, z. B. Enzyme (Biokatalysatoren), Transportproteine (z. B. Hämoglobin), Hormone, Antikörper

Proteine sind Polymere („Vielfache"), d. h. Makromoleküle, die durch wiederholte Verknüpfung bestimmter Grundbausteine (Monomere), in diesem Fall **Aminosäuren**, entstehen. Die 20 natürlich vorkommenden Aminosäuren, aus denen die Proteine aufgebaut sind, unterscheiden sich im organischen Rest (R).

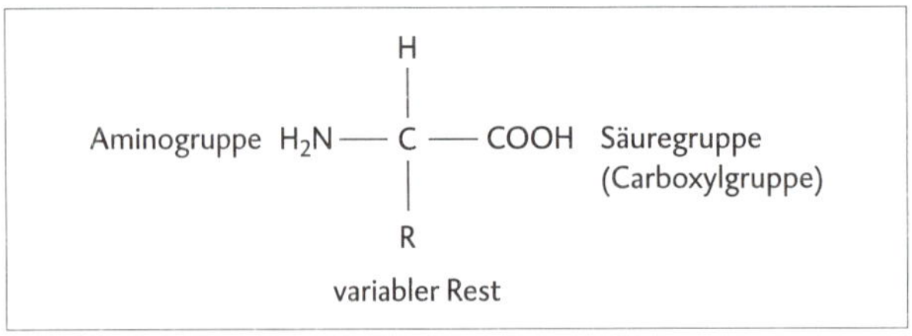

Abb. 18: Allgemeine Struktur der Aminosäuren (AS)

Die Carboxy(l)gruppe (–COOH) einer Aminosäure kann formal mit der Aminogruppe ($-NH_2$) einer zweiten Aminosäure unter Wasseraustritt reagieren (Kondensation). Die beiden Aminosäuren sind dann zu einem Dipeptid verknüpft.

Die bei der Kondensation zweier Aminosäuren entstehende Verknüpfung wird als **Peptidbindung** bezeichnet.

Beispiel

Die drei Aminosäuren Serin (R_1: $-CH_2OH$), Alanin (R_2: $-CH_3$) und Asparaginsäure (R_3: $-CH_2COOH$) kondensieren zu einem Tripeptid.

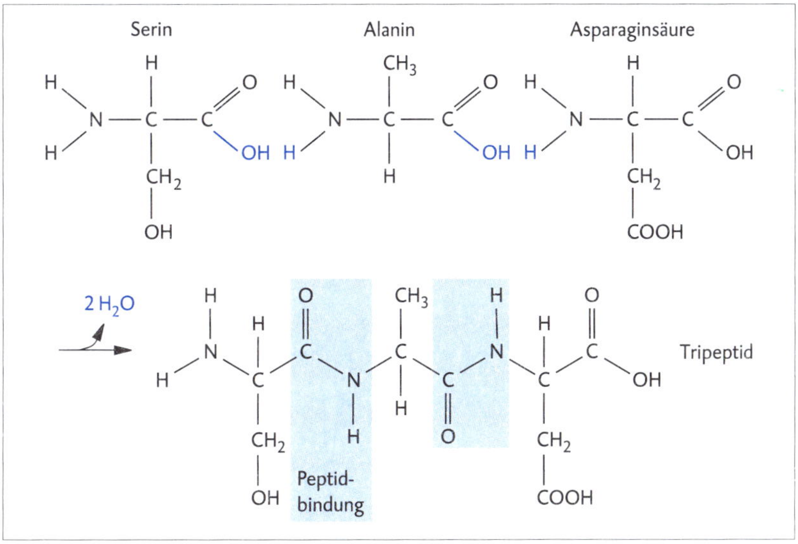

Durch Kondensation mit weiteren Aminosäuren entsteht eine **Polypeptidkette**. Bei bis zu zehn Aminosäuren bezeichnet man die Kette als Oligo-, bei bis zu 100 als Polypeptid. Sind mehr als 100 Aminosäuren verknüpft, spricht man von einem Protein. Durch die verschiedenen Aminosäuren, ihre Anzahl und Abfolge entsteht die unvorstellbar große Vielfalt der Proteine; so sind z. B. bei einer Kettenlänge von 100 Aminosäuren $20^{100} = 10^{130}$ unterschiedliche Sequenzen möglich.

Die Reihenfolge der Aminosäuren, die Aminosäuresequenz, wird als **Primärstruktur** des Proteins bezeichnet.

Der räumliche Bau, die Eigenschaften und biologische Funktion der Proteine (Enzym- oder Strukturprotein) hängen im Wesentlichen von der Zahl und Art der sie aufbauenden Aminosäuren ab.

Durch Wasserstoffbrückenbindungen zwischen den Peptidbindungen ist die **Sekundärstruktur** fixiert. Verknüpfen sich auf diese Weise zwei antiparallel verlaufende Abschnitte der Polypeptidkette, so entsteht die **Faltblattstruktur** der Faserproteine (z. B. Seide). Ist jedoch der Polypeptidstrang durch molekulare Wasserstoffbrücken zwischen nahe beieinander liegenden Peptidbindungen zu einer Schraube fixiert, so spricht man von **Helixstruktur** (z. B. Keratin der Wolle).

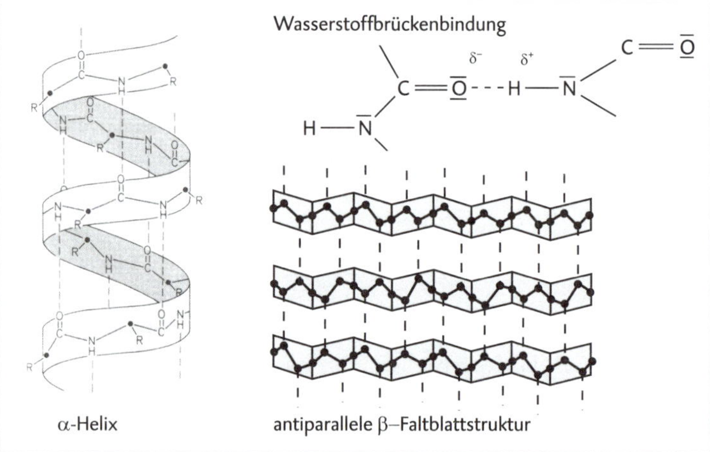

Abb. 19: Sekundärstrukturen der Proteine

Ein fadenförmiges Protein mit Faltblatt- bzw. Helixstruktur kann erneut mit Windungen und Schleifen eine zusätzliche Raumstruktur erreichen – stabilisiert durch unterschiedliche Bindungsarten. Diese **Tertiärstruktur** findet man z. B. beim Myoglobin, einem Häm-Protein, das als „Sauerstoffspeicher" des Muskels fungiert.

Treten schließlich Polypeptide (mit Sekundär- und Tertiärstrukturanteilen) zu funktionsfähigen Proteinkomplexen zusammen, so spricht man von einer **Quartärstruktur** (z. B. Hämoglobin, das sich aus vier Häm-Proteinen zusammensetzt).

Typische **Sekundärstrukturen** wie die Helix oder das Faltblatt entstehen durch Wasserstoffbrückenbindungen zwischen den Peptidbindungen. Die **Tertiärstruktur** ist die übergeordnete Raumstruktur **(Konformation)**, die die Sekundärstrukturen eines Proteins einnehmen können. Die **Quartärstruktur** beschreibt die Anordnung der Polypeptidketten (Untereinheiten) in einem komplexen Protein.

7.2 Proteinbiosynthese

Wie bereits angesprochen ist die Information für die Aminosäuresequenz der Proteine in der Basensequenz der DNA codiert. Die Umsetzung der Information vom Gen zum Protein in der lebenden Zelle (Genexpression) erfolgt in zwei Phasen:

Gen (DNA-Abschnitt) --- Transkription ---> mRNA --- Translation ---> Protein (Enzym) --- Wirkung ---> Merkmal

Abb. 20: Umsetzung genetischer Information

- **Transkription:** „Umschreibung" der Basensequenz der DNA-Informationsabschnitte (Gene) in die Basensequenz der mRNA
- **Translation:** „Übersetzung" der Basensequenz der mRNA in die Aminosäure-Abfolge des Polypeptids/Proteins

Transkription

Die **Transkription** erfolgt durch komplementäre Basenpaarung ähnlich wie die DNA-Replikation. Es wird jedoch nur ein DNA-Strang als Vorlage (Matrize) benutzt. Dieser Strang wird auch **codogener Strang** genannt. Die an dieser Matrize gebildete mRNA hat die gleiche Sequenz (bis auf die Vertauschung von Thymin und Uracil) wie der zur Matrize komplementäre DNA-Strang, der sog. Code-Strang.

Der Vorgang wird durch das Enzym RNA-Polymerase (Transkriptase) bewirkt, das den DNA-Strang an einer vorgegebenen Stelle öffnet und in 3'→5'-Richtung abliest. Dabei baut die RNA-Polymerase für die Länge eines oder weniger Gene aus aktivierten Nukleotiden die komplementäre mRNA in 5'→3'-Richtung zusammen.

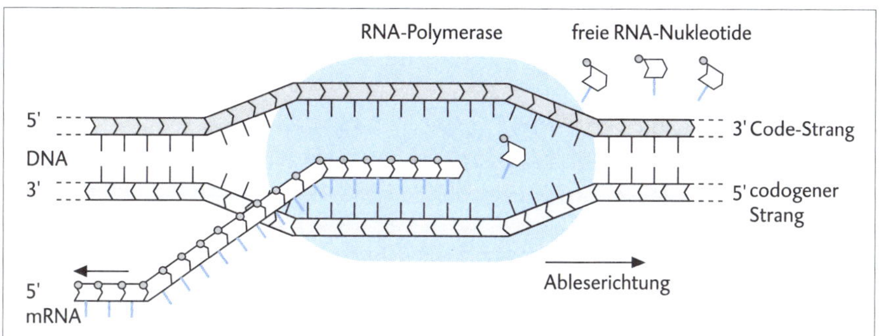

Abb. 21: Ablauf der Transkription

Die mRNA ist demnach die „Transportform der Gene". Sie wandert aus dem Kern zu den Ribosomen im Zytoplasma. Dort erfolgt dann die **Translation.**

Translation

An der Translation sind außer der mRNA auch noch die beiden anderen RNA-Formen beteiligt: Das Ribosom besteht aus zwei Untereinheiten, die wiederum aus **rRNA** (ribosomale RNA) und Proteinen aufgebaut sind.
Die **tRNA** (transfer-RNA) stellt das „Bindeglied" zwischen mRNA und Aminosäure dar. Dazu hat jede tRNA ein **Anticodon** aus drei Nukleotiden, das komplementär ist zu einem Triplett (Codon, siehe S. 61) auf der mRNA. Damit ist jedem Codon der mRNA (und damit auch jedem Triplett der DNA) eine spezifische Aminosäure zugeordnet. Es gibt 61 verschiedene tRNAs, jede mit einem anderen spezifischen Anticodon.
Im Ribosom haben gleichzeitig zwei Tripletts nebeneinander Platz; an diese beiden Codons der mRNA lagert sich jeweils eine tRNA mit ihrem komplementären Anticodon an. Dadurch wird der Kontakt zwischen den an die tRNAs gebundenen Aminosäuren hergestellt – die Peptidbindung kann geschlossen werden. Dabei wird die gesamte Polypeptidkette auf die tRNA mit der neu hinzukommenden Aminosäure übertragen.
Die nun frei gewordene tRNA löst sich aus dem Ribosom und macht Platz für die nächste Kopplung mit der währenddessen um ein Triplett weitergerückten mRNA.
An einer mRNA können hintereinander viele Ribosomen gleichzeitig tätig sein. Die entstehende „Perlenkette" nennt man auch **Polysom**. Ein und dasselbe mRNA-Molekül kann auf diese Weise in kurzer Zeit als Vorlage für viele Proteine verwendet werden.

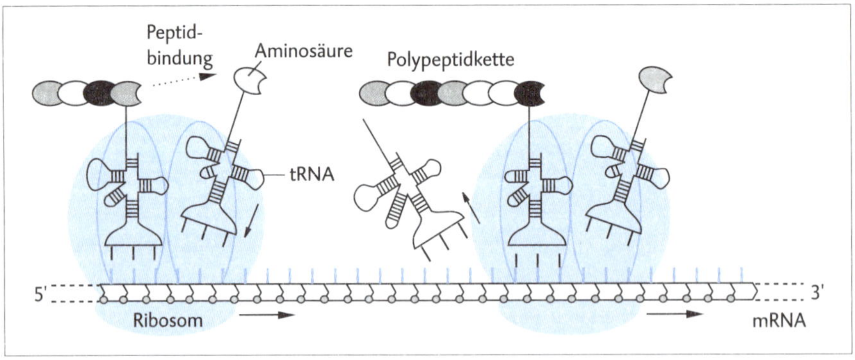

Abb. 22: Ablauf der Translation

Retroviren

Retroviren (z. B. der HI-Virus) können den normalen, oben beschriebenen Fluss der genetischen Information umkehren, d. h. sie können RNA in DNA „zurückschreiben". Ihre Erbsubstanz besteht aus einem RNA-Molekül. In der Virushülle befindet sich u. a. auch eine RNA-abhängige DNA-Polymerase, die auch **„Reverse Transkriptase"** genannt wird. Befallen diese Viren eine Zelle, übersetzen sie mithilfe dieses Enzyms ihre RNA in ein doppelsträngiges DNA-Molekül. Diese DNA kann dann in die Erbsubstanz der Wirtszelle integriert werden. Von dort aus wird sie abgelesen und einerseits anhand der enthaltenen Information Proteine für den Zusammenbau neuer Viren hergestellt. Andererseits wird die Virus-DNA auch wieder in RNA übersetzt, die in die neuen Virushüllen eingebaut wird.

7.3 Der genetische Code

Die „Bauanleitung" für die Aminosäuresequenz der Proteine ist in der Nukleotidabfolge der DNA festgelegt. Je drei Basen bilden ein Triplett. Der **Triplett-Code** wird in der Transkription – wie oben beschrieben – in den Code der mRNA „übersetzt". Auch hier werden drei Basen zum Triplett, dem **Codon**, zusammengefasst. Damit lassen sich aus den vier Basen Adenin, Cytosin, Guanin und Uracil (weil RNA) $4^3 = 64$ „Triplettwörter" bilden.
NIRENBERG und KHORANA entzifferten 1965 die Bedeutung dieser 64 Tripletts. 61 davon stehen für die Bezeichnung der 20 Aminosäuren zur Verfügung. Für fast jede Aminosäure (außer für Tryptophan und Methionin) existieren also zwei bis sechs Triplettwörter: Der genetische Code ist **degeneriert**.
Drei weitere Tripletts sind **Stoppcodone** (UAA, UAG, UGA), d. h. sie beenden die Polypeptidsynthese im Ribosom. Zwei Codone (AUG, GUG) stehen außer für eine Aminosäure (Met, Val) als **Startcodone** fest. Nur an ihnen beginnt die Translation.
Zwischen dem Start- und dem Stoppsignal reihen sich die codierenden Basentripletts durchgehend ohne Trennzeichen oder Zwischenräume aneinander, der genetische Code ist **kommafrei** und es gibt **keine Überlappungen** zwischen den Tripletts.
Der genetische Code ist **universell**, d. h. bis auf ganz wenige Ausnahmen codieren die Basentripletts bei allen Lebewesen die gleiche Aminosäure, d. h. bei der Translation einer bestimmten mRNA entsteht in verschiedenen Organismen immer die gleiche Polypeptidkette.

Der **genetische Code** ist
- ein **Triplett-Code** (immer drei Nukleotide codieren eine Aminosäure),
- **kommafrei** (es gibt keine Trennzeichen am Anfang oder Ende eines Tripletts),
- **überlappungsfrei** (es gibt keine Überschneidungen zwischen den Tripletts),
- **degeneriert** (es gibt mehrere Codone für eine Aminosäure),
- **universell** (bei fast allen Organismen identisch).

Die Translation (Übersetzung des Codes in die Aminosäure-Sequenz) kann anhand der Code-Sonne leicht nachvollzogen werden. Dabei ist zu beachten, dass die 3 Nukleotide in der richtigen Reihenfolge gelesen werden, also in der Code-Sonne von innen (5') nach außen (3').

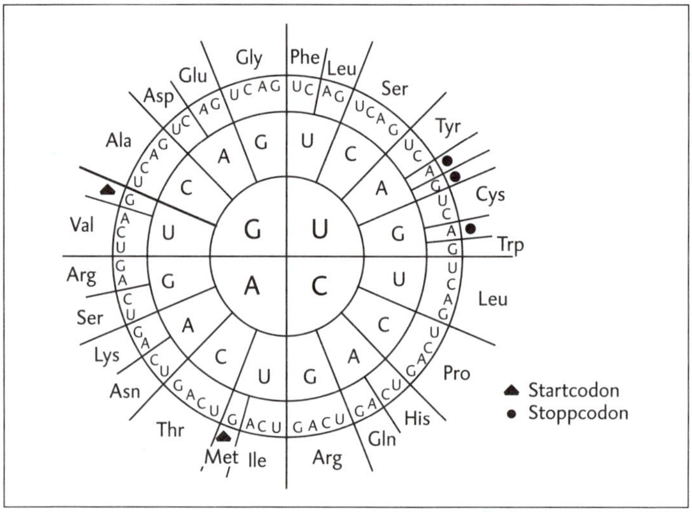

Abb. 23: Code-Sonne

Beispiel

DNA (codogener Strang)	3'	TAC	GCT	ATG	TCT … 5'
mRNA	5'	AUG	CGA	UAC	AGA … 3'
Aminosäure		Met – (=Start)	Arg –	Tyr –	Arg –

7.4 Ursachen und Folgen von Genmutationen

Mutationen sind plötzlich eintretende, nicht zielgerichtete Veränderungen des Erbguts. Ereignet sich die Mutation in einer Körperzelle (somatische Mutation), kann die DNA-Veränderung an die Tochterzellen weitergegeben werden. Handelt es sich bei den mutierten Zellen um Keimzellen, ist die Mutation an die Nachkommen vererbbar. Mutationen können entweder spontan, d. h. unter natürlichen Bedingungen, auftreten (**Spontanmutationen**) oder durch mutagene Substanzen ausgelöst werden (**induzierte Mutationen**). Man unterscheidet drei Arten von Mutationen:

- **Genommutation:** Diese Mutationsform führt zu einer Änderung der Chromosomenzahl (siehe S. 27 f.).
- **Chromosomenmutation:** Die im Mikroskop sichtbaren Veränderungen der Chromosomenstruktur können verschiedene Formen haben. Bei der **Deletion** geht ein Teilstück eines Chromosoms verloren, bei der **Duplikation** wird ein Chromosomenabschnitt verdoppelt. Bei der **Translokation** bricht ein Chromosomenstück ab und verbindet sich mit einem anderen, nicht homologen Chromosom. Bei der **Inversion** verbindet sich das abgebrochene Chromosomenstück umgekehrt wieder mit demselben Chromosom.
- **Genmutationen:** Hier ändert sich die Information eines Gens im submikroskopischen Bereich. Die Basensequenz der DNA verschiebt sich durch Verlust oder Hinzufügen eines Nukleotids und/oder ändert sich durch den Austausch einer Base.

Genommutationen betreffen die Anzahl der Chromosomen, **Chromosomenmutationen** die Struktur der Chromosomen und **Genmutationen** die Basensequenz. Änderung, Einschub oder Verlust einer Base nennt man **Punktmutation**. Einschub oder Verlust von einer (oder mehreren) Basen führen außerdem zu einer **Rastermutation**. Die Auswirkungen aller Mutationstypen können sehr unterschiedlich stark ausfallen.

Mutationsrate und Mutagene

Die Häufigkeit, mit der sich ein Gen ändert (Mutationsrate), liegt zwischen 10^{-4} und 10^{-9} pro Gen und Generation.

	Zahl/1 Mio. Zygoten	Mutationsrate
Albinismus	28	$2{,}8 \cdot 10^{-5}$
Hämophilie	19	$1{,}9 \cdot 10^{-5}$
Phenylketonurie	25	$2{,}5 \cdot 10^{-5}$

Tab. 11: Beispiele für Mutationsraten beim Menschen

Mutationen können durch **chemische Substanzen** (mutagene Stoffe), z. B. Teerstoffe im Tabakrauch, Nitrosamine in gepökeltem Fleisch, Mykotoxine (Giftstoffe von Schimmelpilzen), salpetrige Säure, Akridinorange oder Bromuracil ausgelöst werden.

Mutationsauslösend wirken außerdem **radioaktive Substanzen** sowie **ionisierende und energiereiche Strahlen** (Röntgen-, γ-, UV-Strahlen).

Mutationsauslösende Chemikalien und Strahlen können mit bestimmten Basen reagieren und die Basensequenz verändern. Wird dieser Schaden an der DNA nicht repariert, kommt es dadurch bei der Replikation in einem der Tochterstränge zum Basenaustausch.

Beispiele

- Salpetrige Säure (HNO_2) ersetzt die Aminogruppe (NH_2) der Basen durch eine OH-Gruppe. Auf diese Weise wird Cytosin in Uracil umgewandelt, das sich dann mit einer anderen Base (Adenin statt Guanin) paart. Ebenso kann auch aus Adenin Hypoxanthin (Hx) entstehen, das sich in der anschließenden DNA-Replikation mit Cytosin verbindet.
- UV-Bestrahlung kann zur Dimerisierung von Thyminbasen führen, d. h. zwei nebeneinander liegende Thyminbasen in der DNA verbinden sich miteinander statt mit den komplementären Adeninbasen.

Auswirkungen von Genmutationen

Wird bei einer Genmutation nur ein einziges Basenpaar der DNA verändert, spricht man von einer **Punktmutation**.

Wird dabei eine Base gegen eine andere ausgetauscht (Basenaustausch), kann in das entstehenden Protein- bzw. Enzymmolekül eine andere Aminosäure eingebaut werden. Dadurch wird möglicherweise die Funktionsfähigkeit des Proteins stark beeinträchtigt oder kann sogar ganz verloren gehen.

Beispiele

- Sichelzellanämie: Eine Thyminbase im codogenen Strang des Gens für die Bildung der ß-Kette des Hämoglobins ist gegen Adenin ausgetauscht. Statt der Aminosäure Glutaminsäure wird Valin in das Protein eingebaut. Dies hat zur Folge, dass sich die Raumstruktur und Löslichkeit des Hämoglobins ändert (siehe S. 35).
- Phenylketonurie (PKU, siehe S. 33 f.)

Nicht immer muss aber der Ausfall der Proteinfunktion die Folge eines Basenaustausches sein. Wenn sich durch die veränderte Aminosäure die Tertiärstruktur des Proteins nur unwesentlich ändert, bleibt die Wirkung des Enzyms erhalten. Der Basenaustausch kann auch für die Aminosäuresequenz

völlig folgenlos („stumm“) bleiben, wenn durch den Austausch die dritte Position eines Tripletts betroffen ist und das neu entstandene Triplett die gleiche Aminosäure codiert. Dies ist möglich aufgrund der Degeneriertheit des genetischen Codes (siehe S. 61).
Ergibt sich durch den Basenaustausch dagegen ein neues Stoppcodon, kommt es zum vorzeitigen Abbruch der Proteinbiosynthese. Das gebildete Protein ist mehr oder weniger verkürzt und kann seine Funktion nicht mehr erfüllen.

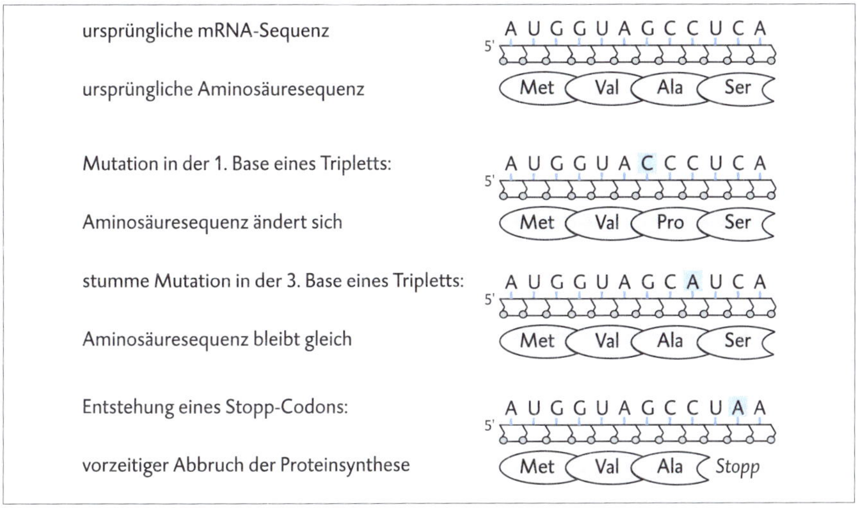

Abb. 24: Mögliche Auswirkungen eines Basenaustausches

Wird in ein Gen eine Base eingefügt oder daraus entfernt, ergibt sich eine **Rastermutation**. Aufgrund des kommafreien Triplettcodes verschiebt sich das gesamte Triplettraster ab der mutierten Stelle. Dies bedeutet meist, dass sich auch die Aminosäuresequenz des Proteins ab dieser Stelle völlig verändert. Oft entsteht durch eine Rastermutation auch ein vorzeitiges Stoppcodon. Diese Mutation hat einen umso geringeren Einfluss auf die Veränderung der Information, je näher der Verlust bzw. Einschub von Basen am Ende des Gens liegt.

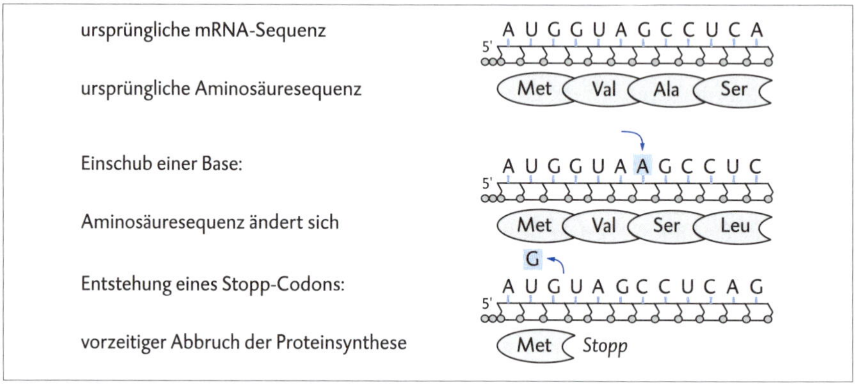

Abb. 25: Mögliche Auswirkungen von Rastermutationen

Beispiel

Die Auswirkungen von Punkt- und Rastermutationen lassen sich auch mithilfe der Buchstabenschrift verdeutlichen:

ursprüngliches Gen:	EINGENISTAUSDNA ein/gen/ist/aus/dna
Punktmutation:	EINGENISTAUSDRA ein/gen/ist/aus/dra
Einschub einer Base:	EINEGENISTAUSDNA ein/ege/nis/tau/sdn/a
Verlust einer Base:	EINGENISAUSDNA ein/gen/isa/usd/na

Zusammenfassung

- Proteine sind Polymere aus Aminosäure-Bausteinen, die durch Peptidbindungen miteinander verknüpft sind.
- Die charakteristischen Eigenschaften eines Proteins hängen in erster Linie von der Art und Abfolge der Aminosäuren (Aminosäuresequenz) ab. Es gibt 20 verschiedene Aminosäuren, die in beliebiger Kombination aneinander gereiht sein können. Diese Primärstruktur ist genetisch festgelegt.
- Durch die Primärstruktur sind die übergeordneten Raumstrukturen eines Proteins festgelegt. Man unterscheidet nach zunehmender Komplexität Sekundär-, Tertiär- und Quartärstruktur, die durch molekulare Wechselwirkungen innerhalb der Polypeptidketten zustande kommen.
- Ein Gen ist ein Abschnitt der DNA, der die Information zur Bildung eines Polypeptids enthält.

- Die Proteinbiosynthese lässt sich in zwei Abschnitte gliedern:
  a Transkription: Umschreiben der Basensequenz eines DNA-Abschnitts in die Basensequenz einer mRNA
  b Translation: Übersetzen der Basensequenz der mRNA in die Aminosäuresequenz des Proteins
- Der genetische Code, die Vorschrift zur Übersetzung der Basensequenz der DNA/mRNA in die Aminosäuresequenz des Proteins, ist ein kommafreier Triplett-Code. 61 der 64 möglichen Kombinationen aus jeweils drei Basen der DNA/mRNA (Basentriplett, Codon) stehen für je eine bestimmte Aminosäure. Fast alle Aminosäuren werden durch mehr als ein Triplett codiert, der genetische Code ist degeneriert. 3 weitere Kombinationen beenden die Translation (Stoppcodone).
- Mutationen sind Veränderungen der genetischen Information eines Organismus. Durch Mutationen kann sich die Zahl oder die Struktur der Chromosomen oder die Basenabfolge eines Gens ändern.
- Mutationen treten spontan auf oder werden durch mutagene Substanzen oder energiereiche Strahlung ausgelöst (induzierte Mutationen).
- Punktmutationen betreffen eine einzige Base in der DNA.
- Durch Basenaustausch kann an dieser Stelle eine falsche Aminosäure in das Protein eingebaut werden oder ein Stoppcodon entstehen. Dadurch kann die Funktionsfähigkeit des Proteins stark beeinträchtigt werden oder sogar ganz verloren gehen. Da der genetische Code degeneriert ist, kann ein Basenaustausch auch folgenlos bleiben (stumme Mutation).
- Wird eine Base hinzugefügt oder geht verloren, verschiebt sich der Triplett-Code und dadurch ändert sich die Aminosäuresequenz des gesamten nachfolgenden Bereiches des entsprechenden Proteins (Rastermutation).

Aufgaben

41 Bei DNA und Proteinen spricht man von Primär-, Sekundär- und Tertiärstruktur.

Erklären Sie, was man darunter versteht, und stellen Sie die beiden Stoffklassen einander gegenüber!

42 Welche Bedeutung haben die unterschiedlichen Ribonukleinsäuren im Zellstoffwechsel?

43 a Charakterisieren Sie stichwortartig die Hauptschritte der Proteinbiosynthese!

b Innerhalb eines Gens, das ein bestimmtes Enzym kodiert, wird ein Nukleotid gegen ein anderes ausgetauscht.
Erläutern Sie, welche Auswirkungen dieser Austausch auf die Aktivität des (vom mutierten Gen kodierten) Enzyms haben könnte!

44 Folgende Basensequenz des codogenen Strangs der DNA soll in die entsprechende Aminosäure-Sequenz eines Polypeptids übertragen werden:
3' … ACA AAA CTG AGG GCT TCT ATT … 5'

a Beschreiben Sie allgemein den Ablauf der Transkription.

b Welche Aminosäure-Sequenz entspricht der angegebenen Basensequenz der DNA?

c Welche Änderungen in der Aminosäure-Sequenz ergeben sich, wenn am 3'-Ende ein Thymin-Nukleotid angefügt wird?

45 a Was versteht man unter einer Punktmutation?

b Geben Sie ein Beispiel für eine Punktmutation beim Menschen und begründen Sie, warum es sich hierbei um eine Punktmutation handelt.

46 Eine mögliche genetische Ursache einer speziellen Form der Zuckerkrankheit (Diabetes Typ II) ist der Austausch der Aminosäure Thr(eonin) gegen Met(hionin) im Enzym Glucokinase, das in den β-Zellen der Bauchspeicheldrüse hergestellt wird und eine Schlüsselrolle beim Glucoseabbau spielt.

Rekonstruieren Sie mithilfe der Code-Sonne die Tripletts der mRNA für Threonin und Methionin. Welche Nukleotidänderung dürfte der o. g. Mutation zugrunde liegen?

47 Folgende Aminosäure-Sequenz ist vorgegeben:
Phe – His – Met – Ala – Leu – Gly
Durch Verlust eines Nukleotids und anschließendes Einfügen eines anderen Nukleotids wird die Aminosäure-Sequenz wie folgt verändert:
Phe – Leu – Trp – Arg – Ile – Gly

a Bestimmen Sie mithilfe der Code-Sonne die mRNA, die der ursprünglichen Aminosäure-Sequenz zugrunde liegt! Beachten Sie dabei, dass der genetische Code degeneriert ist.

b Legen Sie in gleicher Weise die Sequenz der mRNA der veränderten Aminosäure-Kette fest!

c Welches Nukleotid ging verloren, welches wurde eingefügt?

d Welches Ende der ursprünglichen Aminosäure-Sequenz entspricht dem 5'-Ende der DNA?

48 Welche der folgenden Aussagen sind falsch?
Der genetische Code wird als degeneriert bezeichnet, weil

a nur 61 der 64 Kombinationsmöglichkeiten der vier Basen zu Tripletts zur Kennzeichnung von Aminosäuren dienen.

b weil für die meisten Aminosäuren zwei oder mehrere verschiedene Tripletts codieren.
c weil die DNA von der RNA-Polymerase in beiden Richtungen abgelesen werden kann.
d weil der genetische Code für alle Organismen gleichermaßen gilt.

49 Durch die Basensequenz der DNA wird die Aminosäure-Sequenz, also nur die Primärstruktur eines Polypeptids festgelegt; für seine Funktionsfähigkeit ist aber eine spezifische Tertiärstruktur Voraussetzung.
Warum ist keine genetische Information über die Tertiärstruktur notwendig?

50 Ist eine Genmutation in einer Somazelle, in einer Keimzelle oder in einer Urkeimzelle am folgenschwersten? Begründen Sie Ihre Antwort.

51 Wie kann man aus genetischer Sicht erklären, dass die Abnahme der Ozonschicht zu häufigeren Hautkrebserkrankungen führt?

52 Durch radioaktive Strahlung wird am 4. Nukleotidabschnitt eines Gens aus der DNA eine Base „heraus gebrochen". Welche Auswirkung auf die Wirksamkeit eines Enzyms kann sich daraus ergeben?

Welche Auswirkung kann der Ersatz einer Base im 4. Nukleotid durch eine andere Base auf die Wirksamkeit eines Enzyms haben? Begründen Sie in beiden Fällen Ihre Antwort.

8 Aspekte der Gentechnologie

Die Gentechnologie beschäftigt sich mit der Erforschung der Methoden zur Herstellung neu kombinierter DNA (**rekombinante DNA**); in der Gentechnik werden Ergebnisse der Molekulargenetik praktisch angewendet.

8.1 Methoden der Gentechnik

Grundlage der Gentechnik sind Verfahren, die dazu dienen, DNA-Moleküle aus lebenden Zellen zu isolieren und sie gezielt in gewünschte Fragmente zu zerlegen, um sie anschließend in neuen Kombinationen wieder zusammenzufügen und in Empfängerzellen einzufügen.

Die Versuchsobjekte der Molekulargenetiker sind meist **Bakterien**, da sie sich in relativ kurzer Zeit in großer Zahl vermehren lassen. Ihre Genome sind relativ klein und überschaubar und lassen sich leichter manipulieren als die von Eukaryonten (mit echtem Zellkern, Chromosomen, Histonen etc.). Darüber hinaus werden Manipulationen der DNA sofort im Phänotyp sichtbar, da Bakterien nicht wie Eukaryonten eine zweite Kopie jedes Gens vorliegen haben, das den Effekt unterdrücken könnte.

Das am häufigsten verwendete Bakterium ist *Escherichia coli,* das als Symbiont im Darm des Menschen lebt, aber auch außerhalb überlebensfähig ist. In der Gentechnik benutzt man *E. coli* als Modellorganismus, da es sehr gut erforscht und sein Genom komplett bekannt ist. Außerdem ist seine Teilungsgeschwindigkeit hoch (ca. 20 Minuten) und es stellt nur sehr geringe Ansprüche an ein Nährmedium.

Ein weiterer Vorteil der Bakterien als Modellorganismen ist das Vorkommen von Plasmiden. **Plasmide** sind kleine Ringe aus DNA, die außerhalb des Kernäquivalents einer Bakterienzelle in großer Zahl vorliegen können und sich selbstständig und unabhängig vermehren. Durch Gene für spezielle Stoffwechselleistungen wie z. B. Resistenz gegen ein bestimmtes Antibiotikum verleihen sie der Bakterienzelle normalerweise einen Überlebensvorteil.

Plasmide lassen sich relativ leicht verändern und sind daher geeignete **Vektoren** (Überträgermoleküle) für DNA-Fragmente. So kann man Plasmide durch Restriktionsenzyme (enzymatische „Schere") öffnen, ein DNA-Stück einfügen und durch DNA-Ligasen wieder zum Ring schließen.

Ein Vektor-Plasmid mit eingebauter Fremd-DNA heißt **Hybridplasmid.**

DNA-Klonierung: Herstellung und Vermehrung von rekombinanter DNA

1 Zunächst muss die zu untersuchende DNA aus den Zellen des Spenderorganismus isoliert werden. Anschließend wird die DNA mithilfe von **Restriktionsenzymen** in Fragmente geeigneter Größe zerlegt. Diese Enzyme schneiden doppelsträngige DNA spezifisch an bestimmten Erkennungssequenzen.

2 Gleichzeitig wird ein geeignetes **Vektor**-Plasmid, z. B. pBR 322, durch Verwendung desselben Restriktionsenzyms aufgeschnitten (linearisiert).

3 Mithilfe der DNA-Ligase wird aus dem Vektor und der Spender-DNA (Passagier-DNA) ein **Hybridplasmid** zusammengebaut.

4 Anschließend erfolgt die **Transformation** (Einschleusung des Hybridplasmids) in eine *E. coli*-Zelle. Zellwand und Zellmembran werden durch Behandlung mit Calciumchlorid durchlässig.

5 Nach der selektiven Identifizierung (siehe S. 72 f.) der Wirtszellen, die den rekombinierten Vektor aufgenommen haben, also die gewünschte Genkombination besitzen, werden diese vermehrt. Es entsteht eine Population von Zellen mit identischem Erbgut, ein Klon. Man spricht daher von **DNA-Klonierung.**

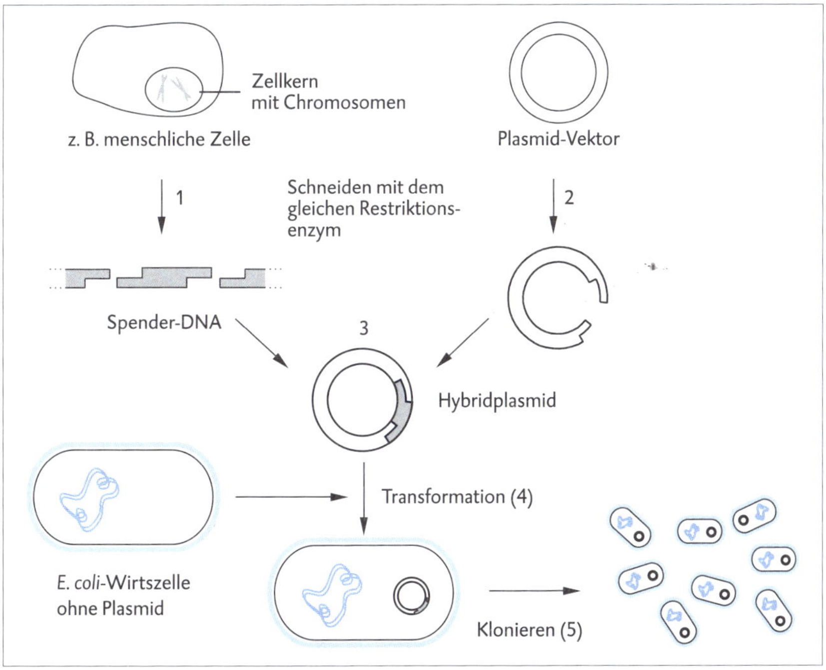

Abb. 26: Herstellung rekombinanter DNA

Identifikation von Klonen mit rekombinanter DNA

Da bei einer Transformation nur sehr wenige Bakterien ein Hybridplasmid aufnehmen, müssen diese **transgenen Bakterienzellen** gezielt von denjenigen unterschieden werden, die kein Plasmid oder nur einen „leeren" Vektor (der im auf S. 71 beschriebenen Schritt 3 ohne Einbau von Fremd-DNA wieder zusammengefügt wurde) aufgenommen haben.
Durch die Wahl eines geeigneten Plasmid-Vektors mit bestimmten Genen als **Marker** (z. B. Antibiotika-Resistenzgene für Ampicillin und Tetracyclin) und durch spezielle Wachstumsbedingungen kann man die Bakterienzellen mit Hybridvektor selektiv heranzüchten.

Beispiel

Wird Fremd-DNA durch Verwendung eines entsprechenden Restriktionsenzyms in das Tetracyclin-Resistenzgen des Vektors pBR 322 integriert, fällt die Funktion des Resistenzgens aus (**Prinzip der Markerinaktivierung**).

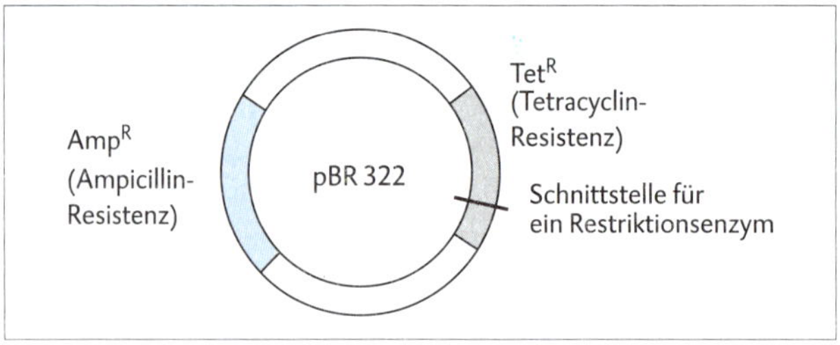

Die behandelten Bakterien werden auf Nährböden mit Ampicillin ausgestrichen, wo sich nur die Kolonien bilden können, die ein (verändertes oder unverändertes) Plasmid aufgenommen und mit ihm die Ampicillin-Resistenz erworben haben. Danach werden die gewachsenen Kolonien mit einem sterilen Samtstempel auf einen Nährboden mit Tetracyclin übertragen (**Stempeltechnik**; Replika-Plattierung). Hier wachsen nur Bakterien, die das unveränderte Plasmid aufgenommen haben; Bakterien mit dem Hybridvektor können keine Kolonien bilden. Durch Vergleich der Koloniemuster auf beiden Nährböden sind die gewünschten Kolonien auf dem Ampicillin-Nährboden identifizierbar. Sie fehlen auf dem Tetracyclin-Nährboden.

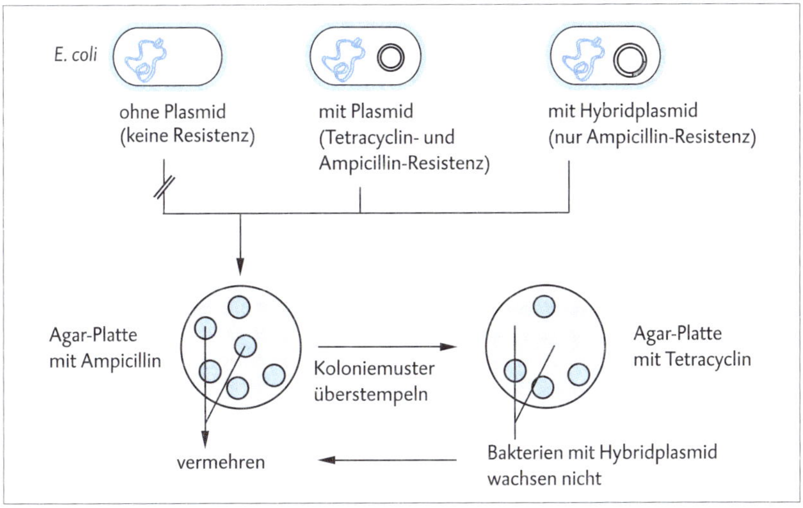

8.2 Anwendungsmöglichkeiten der Gentechnologie

Anwendung der Gentechnik bei Bakterien

Mithilfe gentechnisch veränderter Bakterien können viele **Medikamente** meist preiswerter, reiner und besser verträglich hergestellt werden als durch bisherige, z. T. rein chemische Verfahren. Bis jetzt werden gentechnisch u. a. hergestellt:

- **Insulin**, ein Hormon der Bauchspeicheldrüse, das die Speicherung von überschüssigem Blutzucker als Glycogen in Leber- und Muskelzellen steuert und für Diabetiker benötigt wird.
- Der **Blutgerinnungsfaktor** (Faktor VIII), der zur Behandlung von Blutern nötig ist.
- Impfstoff gegen **Hepatitis B**: Durch gentechnisch gewonnene Antigene ist eine Immunisierung gegen diese schwere Form der Leberentzündung möglich.
- Herstellung technischer **Enzyme** wie Proteasen, Amylasen, Labferment und aller Enzyme der Gentechnik, z. B. Restriktionsenzyme, Reverse Transkriptase, DNA-Polymerasen, Ligasen etc.
- Produktion wirtschaftlich bedeutender Stoffwechselprodukte: **Aminosäuren**, z. B. Glutaminsäure (Geschmacksverstärker in Lebensmitteln); Methionin und Tryptophan als Beimischung zu Tierfutter.

Folgende Anwendungsbereiche der Gentechnik sind in Zukunft denkbar:

- Herstellung von weiteren Impfstoffen, z. B. gegen Malaria, Grippe, Tollwut, Aids usw.
- Abbau von Schadstoffen in der Natur (z. B. Ölverschmutzung, Teer, Dioxine, DDT, Altlasten, Abwasserreinigung) und Entfernung von Schwermetallen
- Effektivere biologische Schädlingsbekämpfung, z. B. mit gentechnisch hergestellten spezifischen Krankheitserregern.
- Bakterielle Produktion von Energieträgern, z. B. Wasserstoffgas, Methangas, Alkohol (dadurch verminderte Schad- und Abfallbelastung der Umwelt) und von Naturstoffen wie Antibiotika, Alkaloide.
- Bakterielle Auslaugung von erdölhaltigem und erzhaltigem Gestein, z. B. Gewinnung von Cu, Zn, U, Pb, Co, Ni.

Die gentechnische Veränderung von Bakterien birgt aber neben den vielen Vorteilen auch bestimmte **Risiken**:

- Störung des ökologischen Gleichgewichts durch veränderte Bakterien in der Natur.
- Unbeabsichtigte Übertragung veränderter DNA auf andere Bakterienstämme, z. B. durch Freisetzung von Bakterien aus dem Labor.
- Entstehung neuer krankheitserregender Bakterien oder Entwicklung neuartiger biologischer Kampfstoffe.
- Verstärkung der „Reparatur-Ideologie" statt Ursachenbeseitigung (Es wäre besser, weniger Schadstoffe herzustellen, als sie nachträglich mit gentechnischen Mitteln zu bekämpfen.)

Nutzung der Gentechnik in der Pflanzenzüchtung

Die bisher erfolgreichste Methode des Gentransfers bei Pflanzen beruht auf einem in der Natur vorkommenden DNA-Transfermechanismus, bei dem Bodenbakterien des Stammes *Agrobacterium tumefaciens* als Vermittler dienen. Diese Bakterien besitzen das **Ti-Plasmid** (**t**umor**i**nduzierend).

Bei Befall mit *A. tumefaciens* entstehen Wucherungen am Wurzelhals der Pflanzen (Wurzelhalsgallen), die durch die tumorinduzierenden Gene hervorgerufen werden. Diese Gene befinden sich in der T-Region des Ti-Plasmids und können durch Fremd-DNA (z. B. Gene für die Resistenz gegen bestimmte pflanzliche Krankheitserreger oder das Herbizid) ersetzt werden. Statt der Tumorgene übertragen die transgenen Agrobakterien nun die gewünschte Fremd-DNA auf Pflanzenzellen. Die Fremd-DNA wird in das Pflanzengenom eingebaut und die darin enthaltene Information umgesetzt. Um Pflanzenzellen mit dem veränderten Plasmid von unveränderten Pflanzenzellen unterscheiden zu können, wurde ein Markergen, z. B. ein Antibiotika-Resistenzgen, ebenfalls in die T-Region eingebaut. Die Identifizierungstechnik entspricht dem Verfahren bei *E. coli* und seinem Plasmid: Auf Nährböden mit dem Antibiotikum, gegen das erfolgreich transformierte Zellen resistent sind, können transformierte Pflanzenzellen selektioniert werden. Sie wachsen zu Zellhaufen heran, die sich zu jungen Pflänzchen differenzieren. Nach mehreren Testserien (z. B. um zu prüfen, ob die Resistenzgene stabil ins Genom eingebaut sind) kann ein Antrag auf Zulassung von Freilandversuchen gestellt werden.

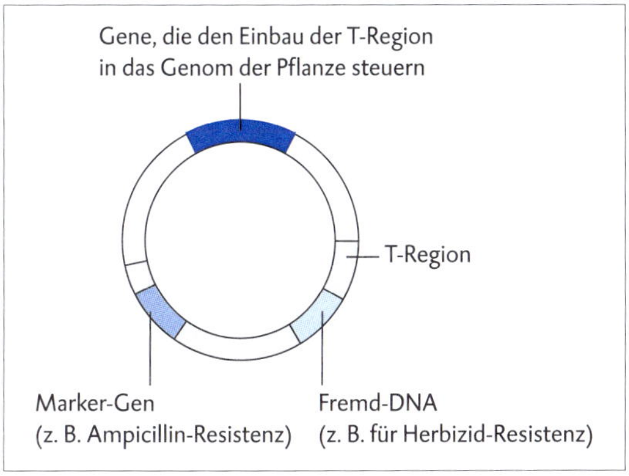

Abb. 27: Ti-Plasmid

Die Gentechnik eröffnet neue Wege der Pflanzenzüchtung. Sie ermöglicht

- die Erzeugung von Pflanzen mit Resistenz gegen Schädlinge und Krankheitserreger sowie Herbizide;
- die Anpassung von Pflanzen an Umweltfaktoren wie Trockenheit, ungünstige (z. B. versalzte, versandete) Böden, Kälte, Nachtfrost, sauren Regen;
- die biologische Stickstoff-Fixierung bei wichtigen Kulturpflanzen (Stickstoff aus der Luft → Vermeidung der Überdüngung von Feldern);
- die Verbesserung der Fotosyntheseleistung (Ausnutzung des Sonnenlichts), der Speicherfunktion, der Wasser- und Nährsalzausnutzung;
- die Züchtung von Pflanzen mit höherem Nährwert und höherem Ertrag;
- die verstärkte Produktion „nachwachsender Rohstoffe“, z. B. pflanzlicher Fette (Rapsöl), Kohlenhydrate und Fasern sowie Biogas;
- die Herstellung pflanzlicher Zellkulturen als Produzenten wertvoller Naturstoffe;
- schnellere Neuzüchtungen.

Freilandversuche mit transgenen Pflanzen oder Mikroorganismen könnten folgende **Gefahren** mit sich bringen:

- Zerstörung des ökologischen Gleichgewichts durch die Ausbreitung der transgenen Pflanze, die durch ihre höhere Vitalität einheimische Pflanzen verdrängt.
- Gentransfer über Pollen auf artverwandte Pflanzen könnte z. B. zur Verbreitung von Resistenzgenen bei Wildpflanzen führen.
- Die Eröffnung neuer biochemischer Stoffwechselwege durch den Einbau fremder Gene könnte zur Entstehung von Verbindungen führen, die für Mensch und Tier oder andere Pflanzen toxisch sind oder Allergien auslösen.
- Bedrohte Lebewesen könnten durch die stärkeren gentechnisch veränderten Organismen schneller verdrängt werden und aussterben.
- Bedenkenloser Herbizideinsatz, da er herbizidresistenten Nutzpflanzen nicht schadet.

Nutzung der Gentechnik in der Tierzüchtung

Eine Möglichkeit, transgene Tiere zu erhalten, ist die DNA-Mikroinjektion. In den Zellkern befruchteter Säugereizellen (z. B. von Mäusen, Schafen, Schweinen) wird mithilfe einer sehr dünnen Pipette Fremd-DNA (z. B. menschliches Insulingen) injiziert. Bei einem geringen Prozentsatz (ca. 1 %) der Versuche erfolgt der Einbau der Fremd-DNA in ein Chromosom. Nach der Rückimplantation der transgenen Eizelle in das Muttertier entwickelt sich ein Nachkomme, der in allen Zellen dieses Fremdgen aufweist. Anwendungsmöglichkeiten der Gentechnik bei Tieren:

- Der Einsatz von gentechnisch gewonnenen Mitteln wie Hormonen und Impfstoffen führt zur Produktionssteigerung von Milch und Fleisch.
- Tiere als Produktionsstätten von Impfstoffen und pharmazeutisch verwertbaren Produkten: Transgene Tiere wie Kaninchen, Schafe und Rinder produzieren nach der Anweisung menschlicher Gene z. B. Humaninsulin oder den menschlichen Blutgerinnungsfaktor.
- Erzeugung von transgenen Nutztieren, die z. B. schneller wachsen, mehr Milch oder Wolle produzieren, mehr und besseres Fleisch bilden, krankheits- und stressresistenter sind. Klonen von besonders wirtschaftlichen Tieren.

Mit der Produktion von transgenen Tieren gehen einige **Risiken** einher:

- Die Erzeugung überzüchteter Tiere ist ethisch nicht vertretbar. Transgene Schweine haben zwar eine effizientere Futterverwertung und wachsen ca. 11 % schneller als Kontrolltiere. Bei Versuchen wurden 6 % jedoch tot

geboren, 20 % starben nach 3–4 Monaten, 30 % starben, bevor sie sechs Monate alt wurden. Die überlebenden Schweine wiesen zusätzlich vielfältige Beeinträchtigungen auf, z. B. Haut- und Gelenkerkrankungen, Magengeschwüre oder Lungenentzündungen.
- Die Tierprodukte können für den Menschen ungesund sein, z. B. durch Hormonrückstände.
- Entstehung von „Agrarfabriken"; Tiere als reine „Produktionsmaschinen".

8.3 Gendiagnose und Eingriffe in den Genbestand beim Menschen

Im Unterschied zur herkömmlichen medizinischen Diagnose lässt die Gendiagnostik bereits die Ursachen und nicht erst die Wirkungen erkennen. In der Humanmedizin gibt es daher zahlreiche Anwendungsmöglichkeiten für die molekulargenetische Diagnose oder die gentechnische Veränderung der Erbsubstanz einzelner Zellen, Gewebe oder ganzer Organismen, z. B.:
- genetische Beratung und pränatale Diagnose bei zahlreichen Erbkrankheiten,
- Neugeborenenscreening (zur Behandlung von Erbkrankheiten),
- genetischer Fingerprint (wird oft auch in der Kriminalistik und in Vaterschaftsfragen angewendet),
- Gentherapie bei Körperzellen und Keimzellen.

Gendiagnose beim Menschen

Der Gendiagnose geht die Isolierung von DNA beispielsweise aus einer Blut- oder Spermaprobe voraus. Die Analyse des **genetischen Fingerabdrucks** eines Menschen erfolgt mithilfe von Restriktionsenzymen: Dieselben Restriktionsenzyme spalten die DNA einer Person immer in das gleiche Gemisch unterschiedlich langer DNA-Fragmente. Außer eineiigen Zwillingen besitzen keine zwei Menschen DNA mit identischer Basenfolge. Das DNA-Fragmentlängen-Bandenmuster ist deshalb so gut wie unverwechselbar.

Das Verfahren zur Erstellung des genetischen Fingerabdrucks läuft in folgenden Schritten ab:

1 **Isolierung** von DNA, z. B. aus Zellen der Mundschleimhaut oder des Blutes, in Speichelresten oder in Spermaresten.
2 Vervielfältigung bestimmter Bereiche der DNA mithilfe der **Polymerasekettenreaktion** (PCR).
3 Behandlung der DNA-Bereiche mit bestimmten **Restriktionsenzymen**, es entstehen unterschiedlich lange Fragmente.

4 Gelelektrophorese des Gemisches: Die Proben werden auf eine Gelschicht aufgebracht, an die Spannung angelegt wird. Die unterschiedlich langen DNA-Stücke (aufgrund der Phosphatgruppen negativ geladen) wandern im Gleichspannungsfeld zum Pluspol und trennen sich entsprechend ihrer Länge auf. Es entsteht ein Bandenmuster. Die Banden werden durch Fluoreszenz oder radioaktive Markierung sichtbar gemacht.

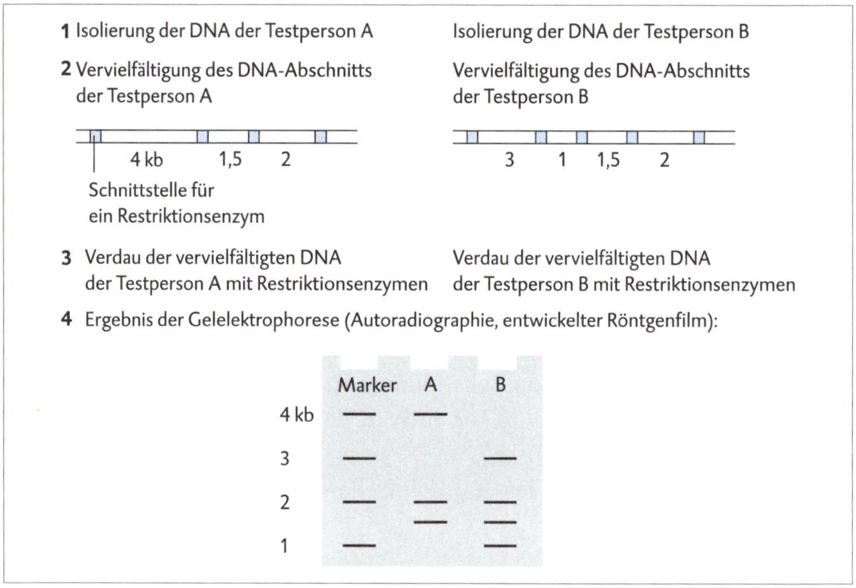

Abb. 28: Prinzip des genetischen Fingerabdrucks; die Abstände der Schnittstellen sind in Kilobasen (1 kb = 1 000 Basenpaare) angegeben.

Diese Methode kann nicht nur für genetische Fingerabdrücke zur Überführung von Verdächtigen in einem Kriminalfall oder zur Überprüfung einer möglichen Vaterschaft, sondern auch zum Nachweis von Erbkrankheiten verwendet werden.

Beispiel

Auf derselben Methode wie der genetische Fingerabdruck beruht auch die Aufspürung des Allels für Chorea Huntington (erblicher Veitstanz, ein autosomal-dominantes Erbleiden) auf dem Chromosom 4 des Menschen. Im normalen Allel ist ein bestimmtes Triplett (CGA) 6- bis 39-mal hintereinander vorhanden, im mutierten Allel liegt es ca. 40- bis 100-mal vor. Diese Mutation (Vervielfachung des Tripletts) bewirkt eine veränderte Tertiärstruktur des codierten Proteins, was im späteren Leben zu der unheilbaren Nervenerkrankung führt.

Gentherapie bei Körperzellen des Menschen

Die Ziele der **somatischen Gentherapie** sind der Transfer und die Expression (Ablesung) des intakten Gens in Körperzellen, die ein entsprechendes defektes Gen enthalten.
Die Methoden, intakte DNA-Stücke in menschliche Zellen einzuschleusen, sind noch mit vielen Problemen behaftet. Ein Erfolg versprechender Weg scheint der über **Retroviren** zu sein, deren krankheitserregende Wirkung und Vermehrungsfähigkeit man vor dem Einbau des menschlichen Gens zerstört hat.

Beispiel

Die erste erfolgreiche somatische Gentherapie beim Menschen wurde 1990 an einem Mädchen durchgeführt, das an einer angeborenen schweren Immunschwächekrankheit (SCID) litt. Ursache ist ein Gendefekt, der zu einem bestimmten Enzymmangel führt, sodass die Immunabwehr stark geschwächt ist.
Zuerst musste das intakte Gen in einem modifizierten Retrovirus-Vektor kloniert werden. Mit dem Retrovirus-Vektor übertrug man dann das intakte Gen in Stammzellen, die man dem Knochenmark des Mädchens entnommen hatte. Die transgenen und *in vitro* vermehrten Zellen wurden dem Kind durch Transfusion zurückübertragen. Sie siedelten sich in Lymphorganen an und ermöglichten den Aufbau einer wirksamen Immunabwehr.

Auf längere Sicht besteht die Hoffnung, auf diese Weise viele schwere Krankheiten, z. B. die Sichelzellanämie (siehe S. 35), heilen zu können. Diese Therapie ist eine Art „Organersatz im Kleinen“ mit dem Vorteil, dass die Transplantation gentherapierter eigener Körperzellen keine Abstoßungsreaktion hervorruft. Die Gentherapie von Krebszellen hat zum Ziel, fremde Gene in Krebszellen einzuschleusen, die die Wirkung der Krebsgene blockieren oder Substanzen produzieren, die die Krebsentstehung verhindern.

Viele Schwierigkeiten begrenzen jedoch die Erfolgschancen. Das intakte Gen muss isoliert bzw. hergestellt werden. Es muss in ganz bestimmte Körperzellen (die genetisch geschädigten) an der richtigen Stelle eingeschleust und stabil in die Chromosomen eingebaut werden. Dabei darf die Funktion der Zelle nicht gestört werden. Erbkrankheiten, die auf einem Defekt mehrerer Gene beruhen, sind auf lange Sicht nicht heilbar.

Risiken der somatischen Gentherapie sind außerdem:

- Schädigung des Patienten durch eine nicht einwandfreie Funktion der transplantierten Gene oder durch eine erneute krankheitserregende Wirkung der Retroviren (Vektoren).
- Die Grenze zur Erzeugung von Menschen mit bestimmten Eigenschaften, d. h. zur Menschenzüchtung, ist fließend.

Die **Gentherapie von Keimbahnzellen** des Menschen ist in der Bundesrepublik Deutschland nach dem Embryonenschutzgesetz verboten. Viele Gruppen unserer Gesellschaft (z. B. Kirchen, Parteien des deutschen Bundestags) lehnen einen Eingriff in die Keimbahn grundsätzlich ab. Er macht den Menschen zum manipulierbaren Objekt und führt zu einem funktionalistischen Menschenbild und zur Menschenzucht. Beides kann von bestimmten Ideologien abhängig sein. Auf lange Sicht muss die Frage diskutiert werden, ob der Mensch bewusst seine eigene Evolution steuern soll und darf.

Zusammenfassung

- Unter dem Begriff „Gentechnik" fasst man alle Verfahren zusammen, durch die fremdes Erbgut in eine Zelle eingeschleust wird.
- Die wichtigsten in der Gentechnik verwendeten Enzyme sind Restriktionsenzyme und Ligasen. Das zu klonierende Gen wird mit ihrer Hilfe in ein Vektor-Plasmid eingebaut. Es entsteht ein Hybridplasmid.
- Durch Klonieren werden größere Mengen eines Gens erzeugt: Dazu werden Hybridplasmide in eine Wirtszelle eingeschleust. Bei der Teilung der Wirtszelle wird die auf dem Hybridplasmid liegende Passagier-DNA mit vermehrt.
- Mithilfe von Antibiotika-Resistenzgenen auf den Vektor-Plasmiden können die Bakterien, die rekombinante DNA aufgenommen haben, identifiziert und selektiv vermehrt (kloniert) werden.
- Die Gentechnik findet vielfältige Anwendung bei Bakterien, Pflanzen und Tieren. Mithilfe von transgenen Bakterien und Tieren lässt sich z. B. Insulin produzieren. Transgene Pflanzen können resistent gegen Herbizide oder Schädlingsbefall werden und durch transgene Tiere kann außerdem der Ertrag in der Landwirtschaft erhöht werden. Andererseits birgt die Möglichkeit der Herstellung transgener Organismen auch einige beträchtliche Risiken.
- Mithilfe der Gendiagnose ist es möglich, die molekularen Ursachen einer Krankheit zu erkennen. Durch das Verfahren des genetischen Fingerabdrucks lässt sich die DNA z. B. aus Blutspuren eindeutig einer bestimmten Person zuordnen.
- Die somatische Gentherapie versucht, die molekularen Ursachen von Krankheiten zu beseitigen oder zu kompensieren. In einer häufig angewandten Methode werden dazu Stammzellen aus dem Körper eines Patienten entnommen, *in vitro* gentechnisch verändert und in den Körper zurückgeführt.

Aufgaben

53 Welche Aufgaben haben Restriktionsenzyme in der Gentechnik?

54 Beschreiben Sie stichpunktartig die Arbeitsweise der Gentechnik.

55 In welchen Forschungsbereichen findet die Gentechnik für den Menschen heute schon kommerzielle Anwendung?

56 Welche Bedeutung hat die Gentechnik in der Kriminologie?

57 Mithilfe des Ti-Plasmids (tumorinduzierendes Plasmid von *A. tumefaciens*) lässt sich ein Gen für Herbizidresistenz (Widerstandsfähigkeit gegenüber Unkrautvernichtungsmitteln), das in *E. coli* vermehrt wurde, in Pflanzenzellen einschleusen.

Entwerfen Sie das Ablaufschema für eine mögliche genetische Manipulation der Nutzpflanze!

58 Weltweit werden jährlich etwa 40 Millionen Tonnen Fisch in Aquakulturen, also in „Fischfarmen" produziert. In verschiedenen Laboratorien in den USA, Kanada, Großbritannien, Norwegen und Japan sind bisher 35 verschiedene Fischarten gentechnisch verändert worden. Neben Forellen und Karpfen spielt dabei der Lachs eine herausragende Rolle: Er ist das weltweit wichtigste in Aquakultur erzeugte Fischprodukt. Es gibt bereits genmanipulierte Lachse, die in der gleichen Zeit bis zu sechsmal größer werden als normale Zucht- oder Wildlachse. Das schnelle Wachstum verdanken sie der gesteigerten Bildung eines Wachstumshormons. Normale Lachse wachsen nur während des Sommers, der gentechnisch veränderte, sterilisierte Lachs wächst hingegen während des ganzen Jahres. Allerdings sind diese transgenen Lachse, die in Aquakulturen gehalten werden könnten, noch nirgendwo auf der Welt zugelassen.

Suchen Sie Argumente für und gegen die Zulassung!

Grundlegende Stoffwechselvorgänge in Lebewesen

Wiederkäuer haben Hilfe bei ihrer Verdauung: Etwa 10^9 Mikroorganismen leben in jedem Milliliter ihres Panseninhaltes. Diese symbiontischen Bakterien, Hefepilze und Ciliaten machen die Cellulose, den Hauptbestandteil des Grases, für ihren Wirt nutzbar.

9 Grundlagen des Stoffwechsels

Unter dem Begriff „Stoffwechsel" werden alle chemischen Veränderungen der Moleküle in einem Organismus zusammengefasst. Die Stoffwechselvorgänge laufen in den Zellen ab und sind gleichzeitig mit der Aufnahme oder Abgabe von Energie verbunden. Stoffwechsel bedeutet daher auch immer Energiewechsel.

Im aufbauenden Stoffwechsel (**Anabolismus**) werden aus einfachen anorganischen, energiearmen Stoffen (z. B. Kohlenstoffdioxid und Wasser) komplexe organische, energiereiche Verbindungen (z. B. Kohlenhydrate) hergestellt. Solche Vorgänge werden auch als **Assimilation** bezeichnet, da körperfremde Stoffe in körpereigene Stoffe umgewandelt werden (lat. *assimilare:* angleichen). Diese Reaktionen verbrauchen Energie, sind also endergonisch.

Von der Assimilation, d. h. von der Herstellung energiereicher Stoffe allein kann ein Organismus nicht leben. So müssen alle Lebewesen, Pflanzen wie Tiere, Energie freisetzen bzw. verbrauchen, um zu wachsen oder sich zumindest im Gleichgewicht zu halten. Der abbauende Stoffwechsel (**Katabolismus**) verläuft im Wesentlichen umgekehrt zur Assimilation: Energiereiche organische Stoffe werden unter Energiefreisetzung (exergonische Reaktionen) in energiearme anorganische Stoffe abgebaut (**Dissimilation**). Die wichtigsten katabolischen Prozesse sind Zellatmung und Gärungen. Die gewonnene Energie dient zur Aufrechterhaltung der Lebensprozesse.

Dazu erfolgt im Stoffwechsel eine **energetische Kopplung** katabolischer, Energie freisetzender Vorgänge mit anabolischen, Energie bindenden Reaktionen. Universalüberträger der Energie im Zellstoffwechsel ist das ATP (Adenosintriphosphat).

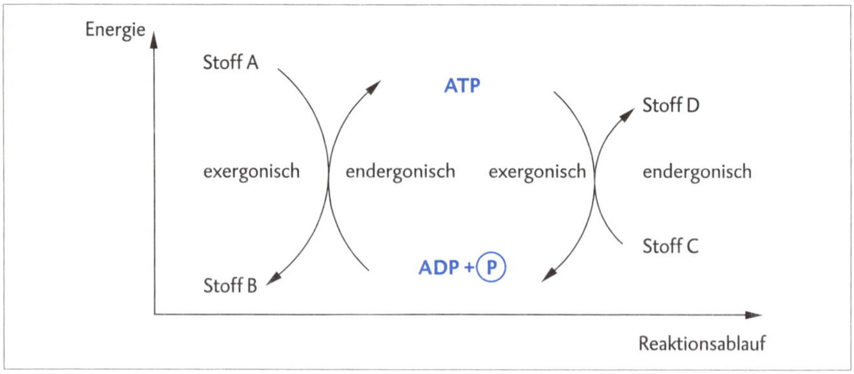

Abb. 29: Schema der energetischen Kopplung mithilfe des Energieüberträgers ATP

Organismen, die alle benötigten energiereichen Stoffe selbst herstellen können (**Anabolismus, Assimilation**), werden als **autotroph** bezeichnet. **Heterotrophe** Organismen müssen energiereiche Verbindungen aus der Umgebung aufnehmen und zur Energiegewinnung abbauen (**Katabolismus, Dissimilation**).

Verwenden autotrophe Organismen als Energiequelle das Sonnenlicht, werden sie als (**foto-**) **autotroph** bezeichnet. Zu dieser Gruppe gehören u. a. die grünen Pflanzen, die Algen und die Cyanobakterien (Blaualgen). Die autotrophen Lebewesen schaffen die Nahrungsgrundlage für alle anderen Organismen (Tiere, Pilze, die meisten Bakterien), die energiereiche organische Stoffe nicht selbst herstellen können (**heterotrophe** Organsimen).

10 Energiebindung und Stoffaufbau durch Fotosynthese

Der wichtigste anabolische Stoffwechselprozess ist die Fotosynthese der grünen Pflanzen. In den Chloroplasten der Pflanzenzellen wird unter Nutzung der Lichtenergie aus Wasser und Kohlenstoffdioxid Glucose aufgebaut.

10.1 Bau und zelluläre Struktur des Assimilationsgewebes

Die Assimilationsgewebe der grünen Pflanzen, also die Gewebe aus Zellen, die Chloroplasten enthalten, finden sich in deren Blättern.

Das Blatt – Fotosyntheseorgan der grünen Pflanzen

Im Blattquerschnitt kann man verschiedene Gewebeschichten erkennen. Die **obere Epidermis** ist zum Schutz vor Verdunstung häufig von einer Wachsschicht, der **Kutikula**, überzogen.
Zwischen der oberen und unteren Epidermis liegen die fotosynthetisch aktiven Gewebe: das **Palisaden-** und das **Schwammgewebe** (-parenchym) mit den Chloroplasten. Zwischen den Zellen des Schwammgewebes entstehen Interzellularräume, in denen der Gastransport erfolgt. Die untere Epidermis ist – im Gegensatz zur oberen – von **Spaltöffnungen** durchbrochen. Diese bestehen aus zwei in der Aufsicht bohnenförmigen Schließzellen, die die Aufnahme von Kohlenstoffdioxid sowie die Abgabe von Sauerstoff und Wasserdampf regulieren. Die Abgabe von Wasserdampf (**Transpiration**, Verdunstung) wirkt als Kühlung und „Motor“ für den Wasser- und damit den Mineralsalztransport aus den Wurzeln in den Stängel und in die Blätter (Transpirationssog).

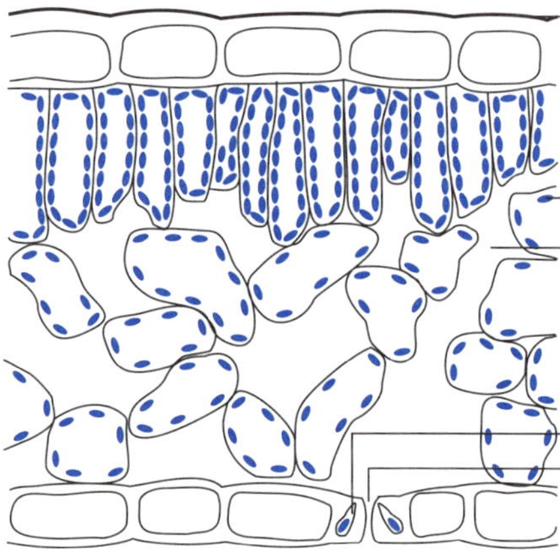

Abb. 30: Schematischer Querschnitt durch ein Laubblatt

Durch eine Veränderung der Porenweite der Spaltöffnungen kann die Transpiration reguliert werden. Bei sehr hohen Temperaturen erfolgt eine starke Verdunstung des Wassers. Infolgedessen nimmt die Zellspannung (der **Turgor**) der Schließzellen ab. Aufgrund der ungleichmäßig verdickten Wände der Schließzellen vermindert sich dadurch die Öffnungsweite der Spaltöffnungen. Das Austrocknen der Pflanze wird verhindert.

Die Pflanzenzelle

Die Pflanzenzelle wird nach außen von der **Zellmembran** und der **Zellwand** begrenzt. Zusammen mit der Zellsaftvakuole ist letztere für den Turgor der Pflanzenzellen verantwortlich.
Das **Zytoplasma** ist das Medium für die Zusammenarbeit der Zellorganellen und der Raum für viele biochemische Reaktionen. Es ist von Fibrillen durchzogen (Mizellarstruktur). Durch Gel-Sol-Zustandsänderung entsteht eine Plasmabewegung, die den Stofftransport innerhalb der Zelle bewirkt.
Im Zytoplasma finden sich u. a. die **Mitochondrien.** Hier vollzieht sich die wesentliche Energiefreisetzung der Zelle (siehe S. 105 f.).
Die ebenfalls im Zytoplasma vorliegenden **Chloroplasten** sind die Organellen der Fotosynthese. Sie wandeln mithilfe des grünen Blattfarbstoffs (Chlorophyll) und der Lichtenergie Kohlenstoffdioxid und Wasser in Bau- und Betriebsstoffe der Zelle um. Chloroplasten findet man nur in grünen Pflanzen, während Mitochondrien und Zytoplasma tierischen und pflanzlichen Zellen gemeinsam sind.

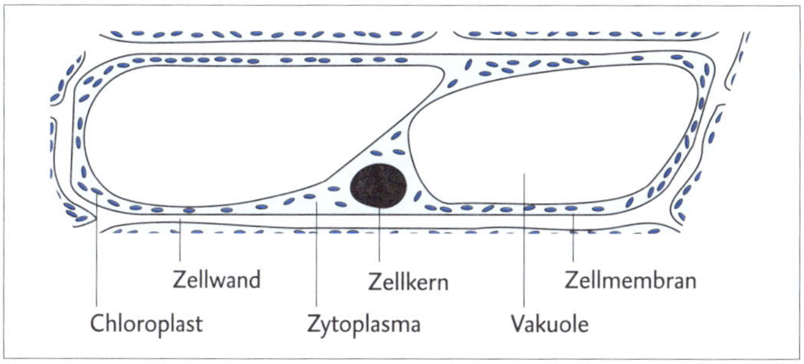

Abb. 31: Schematische Darstellung einer Pflanzenzelle im lichtmikroskopischen Bild

Feinbau der Chloroplasten

Chloroplasten sind linsenförmige Zellorganellen mit einem Durchmesser von 4–8 µm und einer Dicke von 2 µm. Je nach Zelltyp können einige Dutzend bis über hundert Chloroplasten pro Zelle vorkommen.

Der im Elektronenmikroskop sichtbare Feinbau der Chloroplasten ist ein Beispiel sowohl für die Abgrenzung von Reaktionsräumen als auch für die enge Kopplung fotochemischer und enzymatischer Reaktionen.

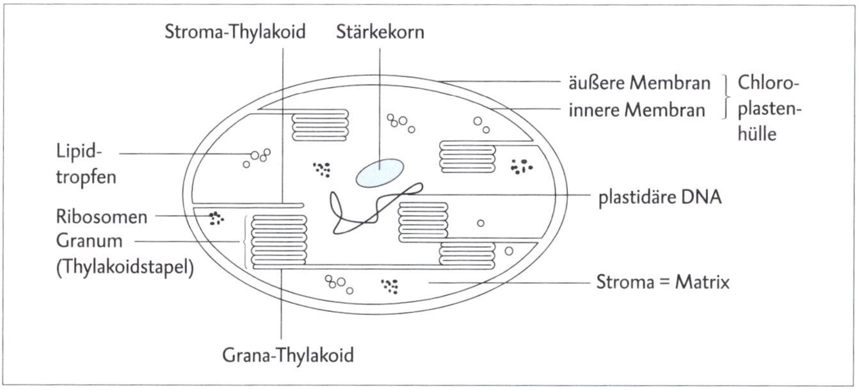

Abb. 32: Chloroplast (Feinstruktur des Fotosyntheseapparates)

Die **Chloroplastenhülle** grenzt mit einer Doppelmembran den Innenraum gegen das Zellplasma ab und ermöglicht den Stofftransport in beide Richtungen. Die innere Membran bildet Einstülpungen ins Chloroplasteninnere, die **Thylakoide**.

Grana-Thylakoide sind Systeme aufeinander gestapelter Membranen. Sie enthalten die grünen Blattfarbstoffe und sind damit Orte der Lichtreaktionen der Fotosynthese. Die **Grana** sind durch schlauchartige Stroma-Thylakoide verbunden.

Der **Stroma**-Bereich, eine fast farb- und strukturlose Grundsubstanz, enthält neben Enzymen und Substraten für die Dunkelreaktion der Fotosynthese und Zwischenprodukten des Kohlenhydratstoffwechsels auch DNA und Ribosomen zur Eiweißsynthese.

Fotosynthesepigmente

Die grünen Blattfarbstoffe sind in die Membranen der Grana-Thylakoide eingelagert. Durch deren zahlreiche Einfaltungen wird die Fläche, auf der fotosynthetisch aktive Pigmente untergebracht werden können, stark vergrößert.
Bis zu 300 Farbstoffmoleküle bilden, mit Proteinen verbunden, ein **Fotosystem**. Es besteht aus der **Lichtsammelfalle** (Chlorophylle und Carotinoide) und einem zentralen **Reaktionszentrum** (Chlorophyll-a-Molekül, verbunden mit einem Protein).
Chlorophyll a ist das eigentliche fotosynthetisch aktive Pigment. Es absorbiert die blauen und roten Wellenlängen des sichtbaren Lichtes. Die Grundstruktur bildet ein Ringsystem aus vier Pyrrolringen, dessen konjugierte Doppelbindungen die Grundlage der spezifischen Lichtabsorption des Moleküls sind (siehe S. 92 f.).
Chlorophyll b dient wie die Carotinoide der Lichtsammlung (akzessorisches Pigment), ist jedoch an der Energieumwandlung selbst nicht beteiligt. Das Absorptionsspektrum und die Strukturformel ähneln denen von Chlorophyll a.

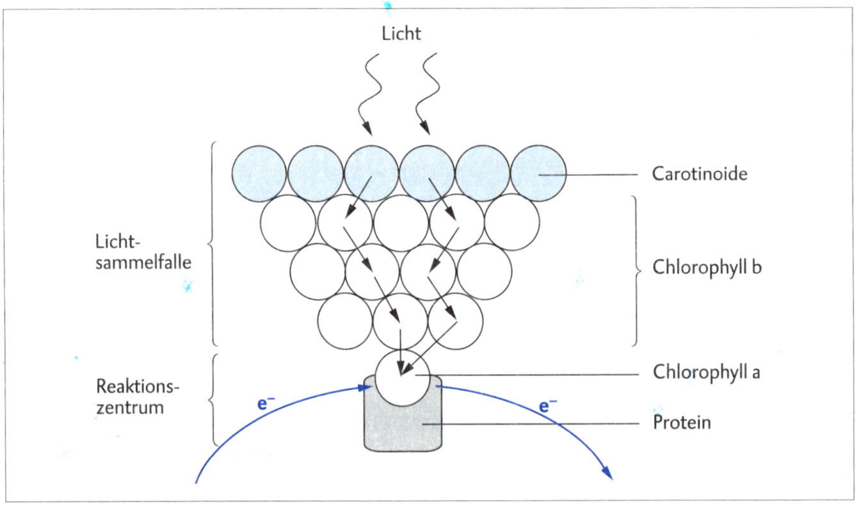

Abb. 33: Schematische Darstellung eines Fotosystems

10.2 Einfluss von Außenfaktoren auf die Fotosyntheseleistung

Die Fotosyntheseleistung bzw. die Fotosyntheserate wird experimentell ermittelt, indem man

- die Menge des gebundenen Kohlenstoffdioxids,
- die Zunahme der Glucosekonzentration (Stärkekonzentration) im Blatt oder
- das Volumen des gebildeten Sauerstoffs misst.

Da Pflanzen nicht nur Glucose und Sauerstoff herstellen, sondern die Glucose gleichzeitig zur Energiegewinnung teilweise wieder veratmen, geben die ermittelten Werte nur die **Nettofotosyntheseleistung** (scheinbare bzw. apparente Fotosyntheseleistung) wieder. Erst wenn der Stoffabbau durch Zellatmung mitberücksichtigt wird, erhält man die **Bruttofotosyntheseleistung** (wirkliche bzw. reelle Fotosyntheseleistung).

Diese Fotosyntheseleistung ist abhängig von verschiedenen Umweltfaktoren:

- Kohlenstoffdioxidgehalt der Außenluft,
- Temperatur,
- Lichtintensität (Beleuchtungsstärke) und
- Lichtqualität.

Kohlenstoffdioxidgehalt

Der Kohlenstoffdioxidgehalt der Luft beträgt nur 0,035 Vol.-%. Damit liegt er weit unter dem Optimum für die Fotosynthese und ist der Außenfaktor, der die Fotosyntheseleistung am stärksten begrenzt (Minimumfaktor, siehe S. 112). Bei Zunahme des Kohlenstoffdioxidgehalts steigt daher die Kurve der Fotosyntheserate zunächst proportional zur Kohlenstoffdioxidkonzentration fast linear an und flacht dann ab.

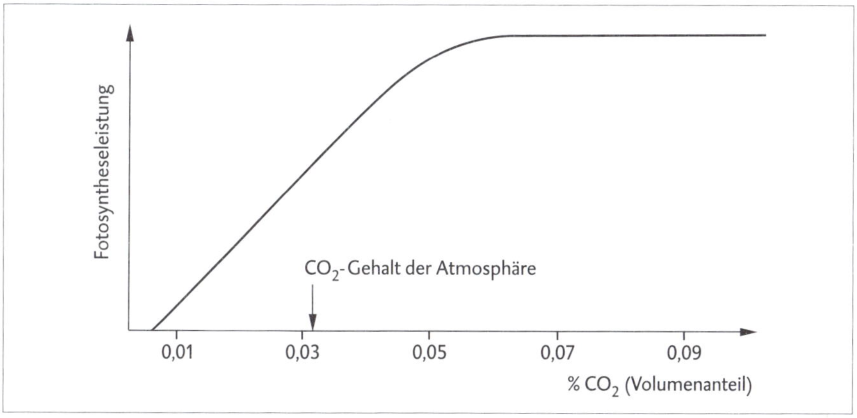

Abb. 34: Fotosyntheseleistung in Abhängigkeit vom Kohlenstoffdioxidgehalt der Luft

Diesem Umstand Rechnung tragend, ist es in der gärtnerischen Praxis üblich, den Kohlenstoffdioxidgehalt der Luft in den Gewächshäusern auf 0,07 % anzureichern. Die Fotosyntheseleistung erhöht sich dadurch um 100 %. Noch höhere Konzentrationen von CO_2 (> 0,15 %) vermindern allerdings die Fotosyntheseleistung, sehr hohe Konzentrationen (> 1 %) können die Pflanze sogar schädigen.
Weitere Steigerungsmöglichkeiten der Fotosyntheseleistung ergeben sich – je nach Pflanzenart – aus der Optimierung der Faktoren Licht und Temperatur.

Temperatur

Der Einfluss der Temperatur auf die Fotosyntheserate hängt stark von der verwendeten Lichtstärke ab. Daher ergeben sich im Starklicht und im Schwachlicht zwei unterschiedliche Kurven.
Im **Starklicht** (ca. 20 000 Lux) steigt die Kurve steil an bis zum Maximum bei etwa 35 °C. Oberhalb dieser Temperatur fällt sie noch steiler ab und erreicht bei ca. 43 °C den Nullpunkt. Bis ca. 30 °C folgt der Kurvenverlauf der **RGT-Regel** (**R**eaktions**g**eschwindigkeits-**T**emperatur-Regel: Die Reaktionsgeschwindigkeit verdoppelt sich jeweils bei einer Temperaturerhöhung um etwa 10 °C.). Oberhalb von 40 °C werden aber die temperaturempfindlichen Enzymproteine geschädigt (denaturiert), was zum steilen Abfall der Kurve führt.
Bei **Schwachlicht** (ca. 2 000 Lux) hat die Temperatur dagegen keinen nennenswerten Einfluss auf die Fotosyntheseleistung. In diesem Fall ist das Licht der begrenzende Faktor.

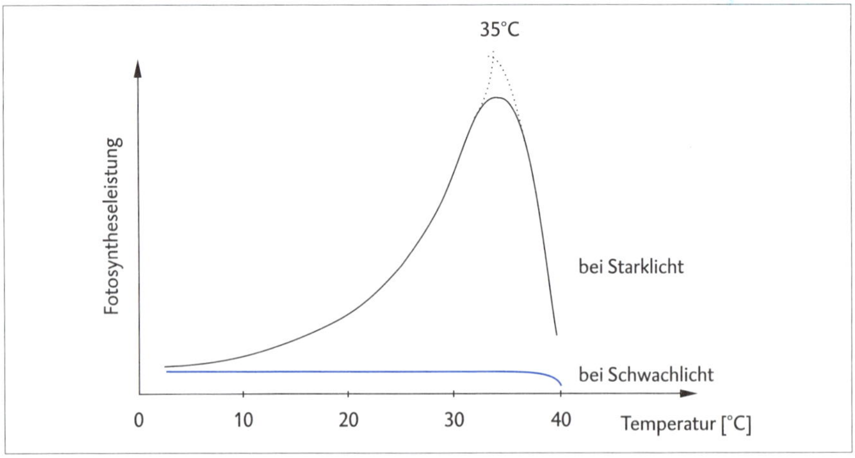

Abb. 35: Fotosyntheserate in Abhängigkeit von Licht und Temperatur

Aus dem unterschiedlichen Kurvenverlauf bei Stark- und Schwachlicht zog BLACKMAN 1905 den Schluss, dass die Fotosynthese aus zwei unterschiedlichen Reaktionssystemen bestehen muss.

Die Fotosynthese setzt sich aus zwei verschiedenen, voneinander abhängigen Teilprozessen zusammen:

- den **Lichtreaktionen**, die lichtabhängig, aber kaum temperaturabhängig sind, und
- den **Dunkelreaktionen**, in denen enzymatisch gesteuerte Prozesse ablaufen, die stark von der Temperatur abhängen.

Die Produkte der Lichtreaktionen (fotochemischer Bereich) sind die Grundlage für die Dunkelreaktion (enzymatischer Bereich). Bei „Schwachlicht" laufen die Lichtreaktionen nur langsam ab. Eine Steigerung der enzymatischen Tätigkeit durch Temperaturerhöhung (gemäß der RGT-Regel) kann den Stoffumsatz der Dunkelreaktion mangels ausreichender Ausgangsstoffe nicht erhöhen.
Bei hoher Beleuchtungsstärke läuft die Lichtreaktion mit maximaler Geschwindigkeit ab. Das bedeutet, dass die Produkte der Lichtreaktionen ausreichend vorhanden sind. Die Fotosyntheseleistung ist daher nur abhängig von der Umsatzgeschwindigkeit der Enzyme der Dunkelreaktion, die mit steigender Temperatur gemäß der RGT-Regel zunimmt.

Lichtintensität

Pflanzen betreiben nicht nur Fotosynthese, sie atmen auch. Bei Dunkelheit findet überhaupt keine Fotosynthese, sondern nur Atmung statt.
Bei niedriger Belichtungsstärke überwiegt die Atmung, d. h. es wird mehr CO_2 abgegeben als durch die Fotosynthese aufgenommen wird. Erst bei einer bestimmten Lichtstärke halten sich Atmung und Fotosynthese die Waage: Am **(Licht-)Kompensationspunkt** der Fotosynthese wird die CO_2-Abgabe bei der Atmung durch die CO_2-Aufnahme in der Fotosynthese kompensiert.
Zunehmende Lichtintensität lässt die Fotosyntheserate bis zu einem Sättigungswert steil ansteigen. Dieser Wert erreicht bei Schattenpflanzen 2 000–10 000, bei Sonnenpflanzen 20 000–80 000 Lux. Bei höheren Werten sinkt die Fotosyntheserate – als Folge einer Schädigung des fotosynthetischen Pigmente (Chlorophyll) – gegen Null ab.

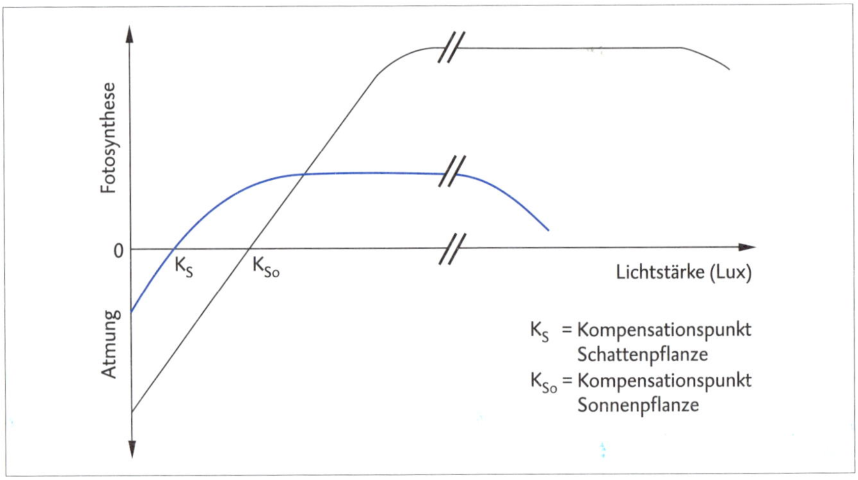

Abb. 36: Zusammenhang zwischen Fotosyntheserate und Beleuchtungsstärke

Hinsichtlich ihrer Reaktion auf verschiedene Lichtintensitäten lassen sich also **Sonnen-** und **Schattenpflanzen** unterscheiden. Sonnenpflanzen betreiben im Schwachlicht keine oder nur geringfügige Fotosynthese. Bei Schattenpflanzen setzt die Fotosynthese schon im Schwachlichtbereich ein. Ihr Lichtkompensationspunkt liegt bei sehr geringer Lichtstärken. Sie erreichen auch ihr Fotosynthesemaximum schneller als Sonnenpflanzen.
Der Vorteil von Schattenpflanzen liegt darin, dass sie auch an Standorten mit sehr geringer Beleuchtungsstärke einen Nettogewinn aus der Fotosynthese ziehen und dort überleben können. Sonnenpflanzen können zwar hohe Lichtintensitäten besser ausnutzen, würden aber an lichtschwachen Standorten verhungern, da ihre Atmungsrate immer ihre Fotosyntheseleistung übersteigen würde.

Lichtqualität

Die Pflanze kann aus dem Spektrum des sichtbaren Lichts nur bestimmte Wellenbereiche für die Fotosynthese nutzen. Welche Bereiche des Spektrums wirksam sind, zeigt der Vergleich zwischen Wirkungsspektrum (Darstellung der Fotosynthesetätigkeit) und Absorptionsspektrum des Chlorophylls.
So fällt die maximale Fotosyntheseleistung mit den Absorptionsgipfeln des Chlorophylls im roten (langwelligen) (650–680 nm) und blauen (kurzwelligen) (430–470 nm) Spektralbereich zusammen.

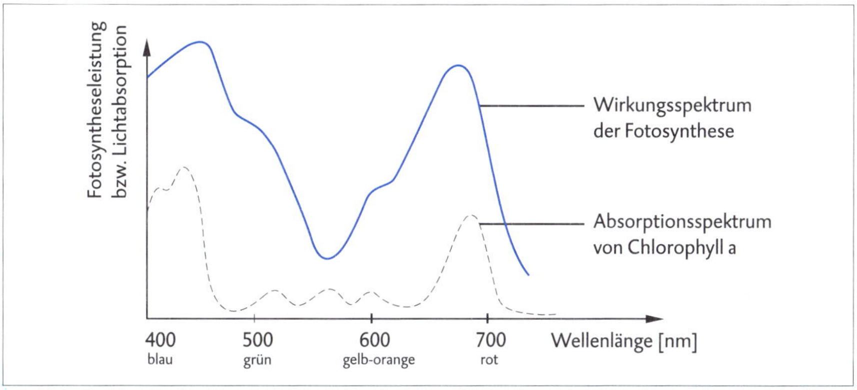

Abb. 37: Abhängigkeit der Fotosynthese von der Wellenlänge des Lichts

Obwohl Chlorophyll im grün-gelben Strahlungsbereich kaum Lichtenergie absorbieren kann, sinkt die Fotosyntheseleistung nicht so stark ab wie erwartet. Neben dem Chlorophyll gibt es weitere Farbstoffe, die vor allem im Bereich der Farben Grün und Gelb Lichtenergie absorbieren. Es handelt sich dabei in erster Linie um Carotinoide, die wie Chlorophyll b als akzessorische Pigmente Lichtenergie sammeln (Lichtsammelfalle, siehe S. 88) und der Fotosynthesereaktion zuführen können.

10.3 Energiebindung durch die Fotosynthese

In der Fotosynthese werden aus den energiearmen Ausgangsstoffen Kohlenstoffdioxid und Wasser mithilfe der Sonnenenergie energiereiche Glucose ($C_6H_{12}O_6$) und Sauerstoff gebildet.

Wie bereits erwähnt, lässt sich die Fotosynthese in zwei Abschnitte gliedern:

- die Lichtreaktionen, die in den Grana-Thylakoiden ablaufen, und
- die Dunkelreaktionen, die im Stroma der Chloroplasten stattfinden.

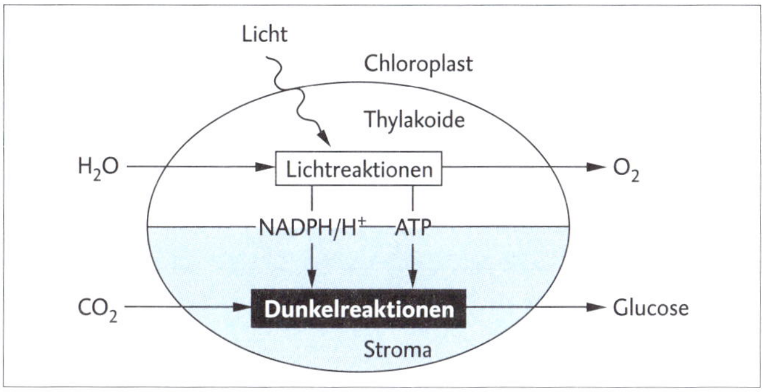

Abb. 38: Übersicht über das Zusammenspiel von Licht- und Dunkelreaktionen

Lichtreaktionen der Fotosynthese

Die Pigmente der Lichtsammelfalle der beiden Fotosysteme absorbieren das einfallende Licht und übertragen die Energie in Richtung des Reaktionszentrums (**Energieübertragung** in der Lichtsammelfalle, siehe S. 88).

Wird das zentrale Chlorophyll-a-Molekül im Reaktionszentrum angeregt, gibt es ein Elektron an einen Elektronenakzeptor weiter (**Elektronenübertragung**). Das oxidierte Chlorophyll a muss nun seine „Elektronenlücke" wieder auffüllen, indem es einem anderen Molekül Elektronen entzieht.

Chlorophyll a ist in zwei Reaktionszentren wirksam und als Fotosystem I und II für verschiedene, aber zusammenwirkende Teilreaktionen verantwortlich.

Die Belichtung des **Fotosystems II** führt zur Anregung des zentralen Chlorophyll-a-Moleküls **P_{680}** (die maximale Anregung des Pigments erfolgt bei Bestrahlung mit Licht der Wellenlänge 680 nm) und zur Abgabe eines Elektrons. Das Elektron wird über eine **Elektronentransportkette** weitergeleitet zum Fotosystem I. Bei diesem Transport wird Energie frei, die zum Teil zum Aufbau von ATP genutzt wird (**Fotophosphorylierung**, siehe S. 95).

Das P_{680}-Molekül entzieht das fehlende Elektron einem Wassermolekül, das dabei in Sauerstoff und H^+-Ionen gespalten wird (**Fotolyse** des Wassers).

Das über die Elektronentransportkette weitergeleitete Elektron vom Fotosystem II schließt die Elektronenlücke im **Fotosystem I** mit dem Chlorophyll-a-Molekül **P_{700}**, nachdem dieses ebenfalls durch Licht angeregt wurde und ein Elektron an $NADP^+$ abgegeben hat. Durch Aufnahme von zwei Elektronen und zwei Wasserstoffionen (aus der Wasserspaltung) wird $NADP^+$ zum Reduktionsäquivalent **$NADPH/H^+$**.

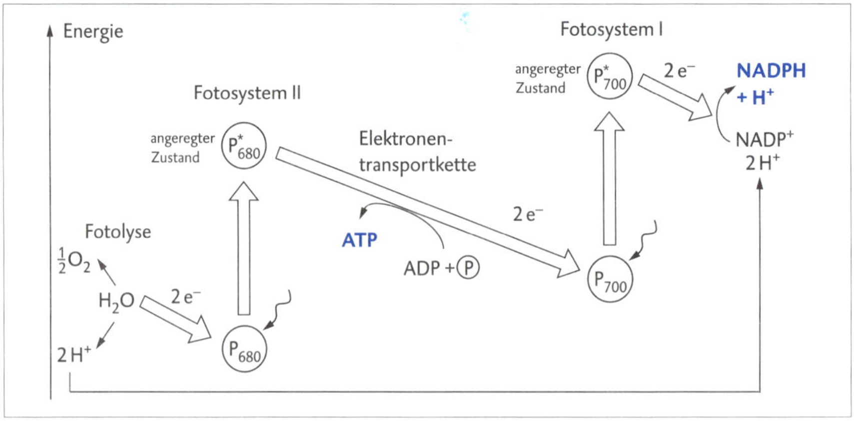

Abb. 39: Lichtreaktionen der Fotosynthese

Für die Bildung des ATP (**Fotophosphorylierung**) wird die beim Transport der Elektronen von P_{680} auf P_{700} frei werdende Energie genutzt.
Im ersten Schritt treibt diese Energie spezielle in der Membran befindliche Proteinkomplexe (Protonenpumpen, die Teile der Elektronentransportkette sind) an, die Protonen aus dem Stroma der Chloroplasten auf die Innenseite der Thylakoidmembran verschieben.
Zusammen mit den Protonen, die bei der Fotolyse des Wassers frei werden, ergibt sich ein Protonenüberschuss auf der Thylakoidinnenseite. In diesem Protonengradienten ist die Energie gespeichert, die anschließend zur ATP-Synthese verwendet wird: Der Ausgleich der Protonenkonzentration erfolgt über einen Enzymkomplex in der Thylakoidmembran, die **ATP-Synthase**. Der Protonenstrom aus dem Thylakoidinnenraum ins Stroma wird zum Aufbau von ATP aus ADP und Phosphat genutzt.

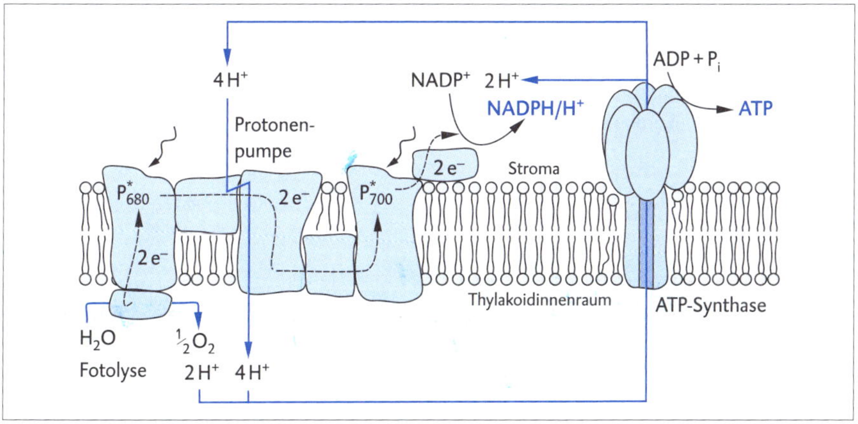

Abb. 40: Schematische Darstellung des Elektronentransportes in der Thylakoidmembran

Ergebnis der Lichtreaktionen:

- Bildung von Reduktionsäquivalenten (im **NADPH/H⁺** gebundener Wasserstoff)
- Gewinnung von **ATP** (Energieäquivalente)
- Nebeneffekt: Freisetzung von **Sauerstoff** bei der Spaltung des Wassers (Fotolyse)

Damit liefern die ebenfalls als Primärprozess der Fotosynthese bezeichneten Lichtreaktionen die „Antriebsstoffe“ ATP und $NADPH/H^+$ für die Dunkelreaktion, in der Kohlenstoffdioxid zum Kohlenhydrat (Zucker) reduziert wird.

Dunkelreaktion der Fotosynthese

Die lichtunabhängigen, aber temperaturabhängigen Dunkelreaktionen der Fotosynthese können in drei Phasen untergliedert werden: Fixierungs-, Reduktions- und Regenerationsphase. Diese Reaktionen ergeben einen Kreislauf, der nach seinem Entdecker als **Calvin-Zyklus** bezeichnet wird.

- **Fixierungsphase:** Im Stroma der Chloroplasten wird das durch die Spaltöffnungen des Blattes aufgenommene Kohlenstoffdioxid (CO_2) enzymatisch an einen C_5-Zucker (Ribulosebisphosphat, RubP) gebunden. Der entstehende C_6-Körper ist instabil und zerfällt sofort in zwei C_3-Körper (Phosphoglycerinsäure, PGS).
- **Reduktionsphase:** PGS wird anschließend unter Energieverbrauch zu Phosphoglycerinaldehyd (PGA) reduziert. Dabei werden das ATP und der im $NADPH/H^+$ gebundene Wasserstoff aus der Lichtreaktion verbraucht.

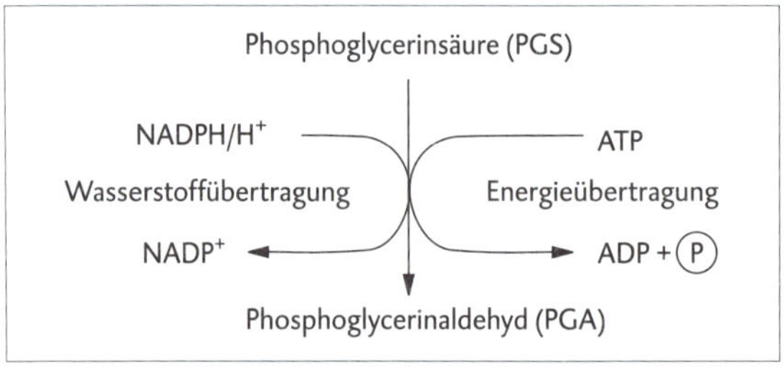

Abb. 41: Reduktion von PGS zu PGA

Damit ist der Kohlenstoff aus dem CO_2 auf die energiereiche Kohlenhydrat-Stufe angehoben worden. Aus zwei Molekülen PGA entsteht ein C_6-Körper, der entweder in Form von Stärke in den Chloroplasten gespeichert wird oder als Glucose bzw. Fructose in den Stoffwechsel eingeschleust wird. Dort wird er entweder unter Energiegewinn abgebaut oder dient als Zellbaustoff.

- **Regenerationsphase:** Rein rechnerisch läuft der Calvin-Zyklus zur Herstellung eines Moleküls Glucose 6-mal ab. Zwei Moleküle PGA verlassen dabei den Zyklus als Glucose, die übrigen zehn Moleküle werden über komplexe Reaktionsfolgen wieder in den C_5-Zucker RubP umgewandelt ($10 \cdot C_3 \hat{=} 6 \cdot C_5$) und stehen damit erneut zur Bindung von CO_2 bereit. Bei der Regeneration wird ebenfalls ATP aus den Lichtreaktionen verbraucht.

Ablauf der Dunkelreaktionen:
- Bindung von CO_2 an den Akzeptor (C_5-Zucker) (**CO_2-Fixierung**)
- Spaltung des instabilen C_6-Körpers in zwei C_3-Körper (PGS)
- **Reduktion** der C_3-Körper (von PGS zu PGA) unter Verbrauch von ATP und $NADPH/H^+$
- Verknüpfung von zwei C_3-Körpern zu einem C_6-Körper (**Glucose**)
- **Regeneration** des Akzeptors unter ATP-Verbrauch

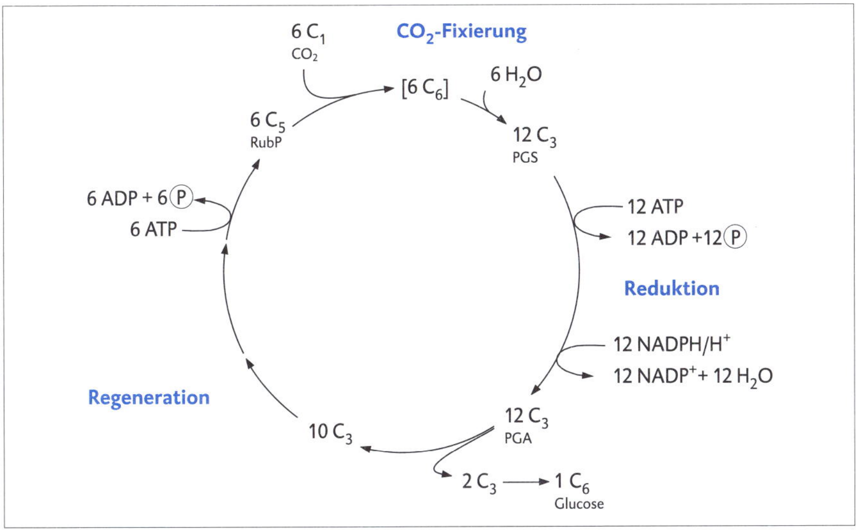

Abb. 42: Dunkelreaktion der Fotosynthese

Summengleichung der Fotosynthese

Um ein Molekül Glucose ($C_6H_{12}O_6$) herzustellen, müssen 6 Moleküle CO_2 fixiert und reduziert werden. Dazu werden 12 NADH/H^+ und 18 ATP aus der Lichtreaktion benötigt. Zu deren Herstellung werden in der Fotolyse 12 H_2O verbraucht und es entstehen dabei 6 O_2. Im Calvin-Zyklus werden insgesamt 6 H_2O freigesetzt.

Bruttogleichung der Lichtreaktionen:

$$12\ H_2O + 12\ NADP^+ + 18\ ADP + 18\ Ⓟ \longrightarrow 6\ O_2 + 12\ NADPH/H^+ + 18\ ATP$$

Bruttogleichung der Dunkelreaktionen:

$$6\ CO_2 + 12\ NADPH/H^+ + 18\ ATP \longrightarrow C_6H_{12}O_6 + 12\ NADP^+ + 18\ ADP + 18\ Ⓟ + 6\ H_2O$$

Addiert man die Bruttogleichungen von Licht- und Dunkelreaktionen, ergibt sich die **Summengleichung der Fotosynthese:**

$$6\ CO_2 + 12\ H_2O \longrightarrow C_6H_{12}O_6 + 6\ O_2 + 6\ H_2O$$

Um deutlich zu machen, dass der entstehende Sauerstoff nicht aus dem Kohlenstoffdioxid, sondern aus dem Wasser stammt, bleibt die Summengleichung der Fotosynthese rechts und links um 6 H_2O erweitert (streng genommen müssten diese Terme auf beiden Seiten der Summengleichung gegeneinander gekürzt werden).

10.4 Bedeutung der Fotosynthese für die Organismen

Die Fotosynthese ist der wichtigste biochemische Vorgang auf der Erde. Alle heterotrophen Lebewesen (die meisten Bakterien, die Pilze und die Tiere einschließlich des Menschen) sind auf die folgenden Leistungen der grünen Pflanzen angewiesen:

- **Energiebindung:** Sonnenenergie wird von der Pflanze mithilfe des Chlorophylls in chemisch gebundene Energie überführt.
- **Stoffaufbau:** Herstellung von Zucker (Stärke) aus Kohlenstoffdioxid und Wasser unter Verwendung von gebundener Energie (ATP) und reduktionsbereitem Wasserstoff (NADPH/H^+).
- **Freisetzung von Sauerstoff:** Das „Abfallprodukt" der Fotolyse des Wassers ist notwendig für die Atmung von Tier und Pflanze.
- **Fixierung von Kohlenstoffdioxid:** Entfernung des durch Atmung und fossile Verbrennung entstandenen Gases aus der Atmosphäre durch Fixierung in Form von Biomasse. Es entsteht ein Stoffkreislauf (siehe S. 132 f.).

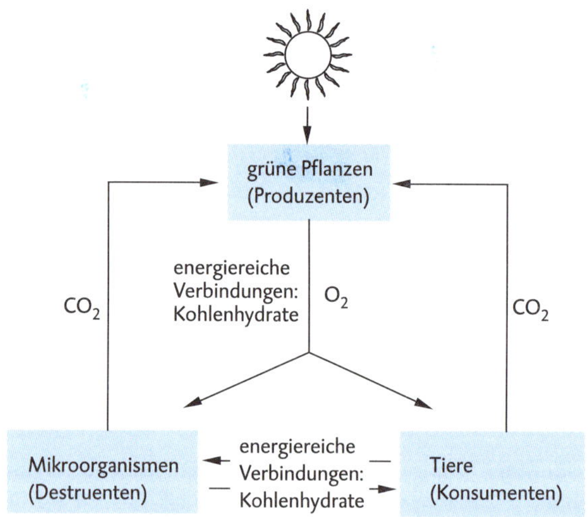

Abb. 43: Vereinfachter Kohlenstoffkreislauf

Den Umfang der synthetischen Leistung der Pflanze verdeutlicht die quantitative Betrachtung: Durch Fotosynthese werden jährlich ca. 160 Mrd. Tonnen neue **Biomasse** (Masse an organischen Verbindungen in lebenden und abgestorbenen Organismen) produziert. Die darin gespeicherte Energie entspricht $3 \cdot 10^{18}$ kJ. Gleichzeitig geben die Pflanzen ca. 200 Mrd. Tonnen Sauerstoff ab.

Zusammenfassung

- Bei der Fotosynthese wird Lichtenergie zum Aufbau energiereicher organischer Stoffe aus energiearmen anorganischen Stoffen genutzt (Assimilation).
- Blätter sind die Organe, Chloroplasten die Organellen der Fotosynthese. Von der inneren Chloroplastenmembran aus stapeln sich zahlreiche Thylakoide im Stroma. In die Thylakoidmembranen sind die Licht absorbierenden Farbstoffe eingelagert.
- Die Fotosyntheseleistung der Pflanzen wird durch den Kohlenstoffdioxidgehalt der Luft, die Temperatur, die Lichtintensität und die Lichtqualität beeinflusst.
- Der Vorgang der Fotosynthese ist in Lichtreaktionen (in den Thylakoiden) und Dunkelreaktionen (im Stroma) gegliedert.
- Die Lichtenergie wird genutzt, um Chlorophyll zur Elektronenabgabe zu bringen. Die Elektronen wandern über eine Elektronentransportkette bis zum $NADP^+$, das dadurch reduziert wird. Die in den Chlorophyll-a-Molekülen entstehenden „Elektronenlücken" werden letztlich durch die Fotolyse von Wasser aufgefüllt. Mithilfe der beim Transport der Elektronen über verschiedene Proteinkomplexe in der Thylakoidmembran frei werdenden Energie werden Protonen über die Thylakoidmembran gepumpt. Der entstehende Protonenüberschuss im Thylakoidinnenraum wird anschließend zur ATP-Synthese genutzt. Die Produkte der Lichtreaktionen sind Sauerstoff, das Reduktionsäquivalent $NADPH/H^+$ und der Energieträger ATP.
- In den Dunkelreaktionen der Fotosynthese wird Kohlenstoffdioxid durch Bindung an den Akzeptor Ribulosebisphosphat fixiert. Im anschließenden Reduktionsschritt werden ATP und $NADPH/H^+$ aus den Lichtreaktionen verbraucht und es entsteht Glucose. Der CO_2-Akzeptor wird in der Regenerationsphase wiederhergestellt.

Aufgaben

59 Für die Energieumsetzung sind folgende Zellbestandteile ausschlaggebend: Chloroplasten, Mitochondrien und Zytoplasma.

a Welche Zellbestandteile kommen nur in Pflanzen vor?

b Skizzieren Sie den strukturellen Aufbau eines Chloroplasten und ordnen Sie den Teilstrukturen die entsprechenden Aufgaben zu!

60 In der Skizze auf der folgenden Seite ist eine Differenzierung der Laubblattepidermis im Querschnitt und in der Aufsicht jeweils in zwei verschiedenen Funktionszuständen dargestellt.

a Beschriften Sie die Zeichnungen.

b Beschreiben Sie die Aufgaben dieser Blattstruktur!

c Erklären Sie die Arbeitsweise!

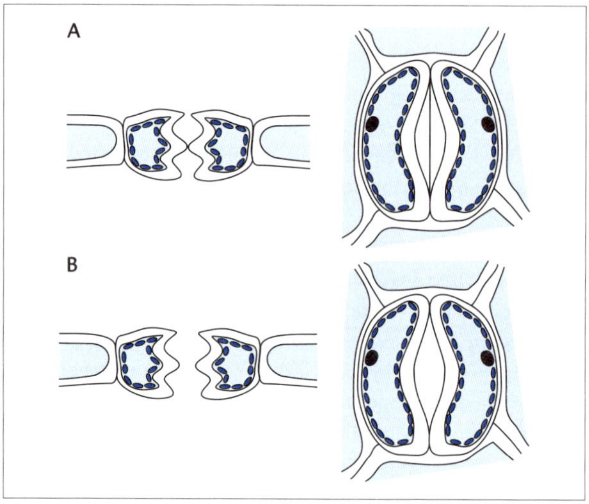

61 a Schreiben Sie die vollständige Bruttogleichung für die Fotosynthese auf!

b Weshalb ist diese Gleichung auf beiden Seiten um 6 H_2O erweitert?

62 Die Temperatur hat einen entscheidenden Einfluss auf die Fotosyntheserate. Sie muss aber im Zusammenhang mit den Lichtverhältnissen gesehen werden.

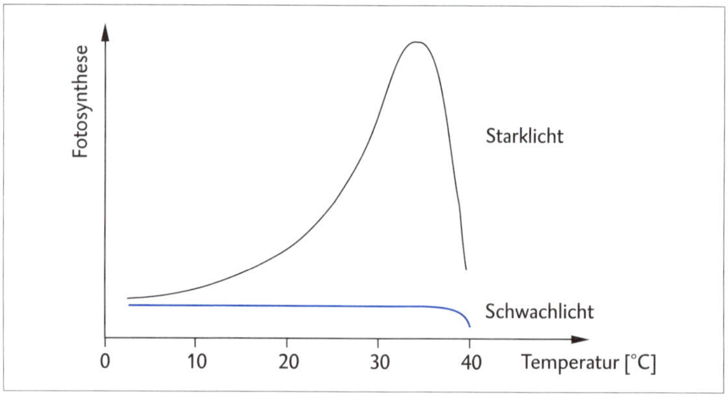

a Interpretieren Sie beide Kurven!

b Bei Temperaturen unter 10 °C ist die Fotosyntheserate auch bei starker Belichtung relativ gering. Warum ist es dennoch sinnvoll, dass die Nadelbäume ihre Blätter ganzjährig behalten?

63 Unter welchen Bedingungen erzielt man in einem Treibhaus den optimalen Ernteertrag? Begründen Sie Ihre Vorschläge!

64 Was versteht man im Zusammenhang mit der Fotosynthese unter der „Lichtsammelfalle" der Blattfarbstoffe?

65 Beschreiben Sie den Weg des Elektrons während der Lichtreaktionen der Fotosynthese unter Berücksichtigung der treibenden Systeme!

66 Erläutern Sie die Schritte der Dunkelreaktion, für die die Produkte der Lichtreaktion benötigt werden!

67 Erläutern Sie stichpunktartig den Ablauf des Calvin-Zyklus.

68 Worin liegt die Bedeutung der Fotosynthese für die Organismen?

11 Stoffabbau und Energiefreisetzung

Im abbauenden (katabolischen) Stoffwechsel werden energiereiche organische Stoffe in energiearme Stoffe zerlegt. Die dabei freigesetzte Energie wird durch den Aufbau von ATP aus ADP und Phosphat zum Teil als chemische Energie gespeichert. Die ATP-Moleküle stehen den Zellen dann für alle energiebedürftigen Vorgänge zur Verfügung, z. B. für die Muskelkontraktion oder für den Aufbau von körpereigener Substanz.
Zunächst müssen die energiereichen Makromoleküle (z. B. Kohlenhydrate und Fette, die mit der Nahrung aufgenommen wurden) in Einfachzucker umgewandelt werden. Bei Tieren laufen diese Vorgänge in den Verdauungsorganen ab.
Dann werden die Zucker (z. B. Glucose) in den Zellen schrittweise in immer kleinere Bruchstücke zerlegt. Sowohl beim aeroben Abbau (mit Luftsauerstoff) als auch beim anaeroben Abbau (ohne Luftsauerstoff) wird Glucose zunächst in der Glykolyse zu **Brenztraubensäure** abgebaut.
Daran schließen sich bei den Gärungen (**anaerober Abbau**) chemische Reaktionen mit den Endprodukten Milchsäure bzw. Ethanol und Kohlenstoffdioxid an. Da Milchsäure und Ethanol noch relativ energiereiche Stoffe sind, ist der ATP-Gewinn beim anaeroben Abbau gering.
Organismen, die in der Lage sind, Luftsauerstoff zu nutzen, können die Brenztraubensäure über den Citronensäurezyklus und die Atmungskette vollständig zu Kohlenstoffdioxid und Wasser oxidieren (**aerober Abbau**). Dadurch ist ein deutlich größerer ATP-Gewinn möglich.

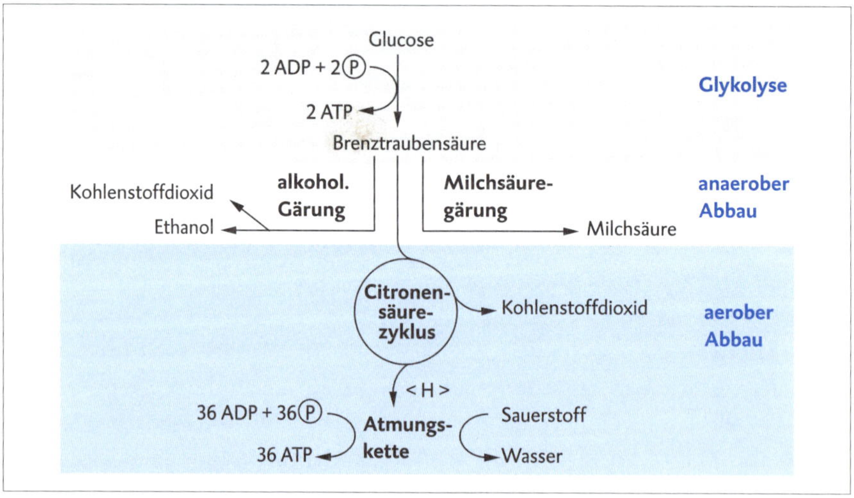

Abb. 44: Schema der Energiefreisetzung in der Zelle

11.1 Glykolyse

Die Glykolyse stellt den ersten Teil sowohl des aeroben als auch des anaeroben Abbaus von Glucose dar. Sie findet im Zytoplasma der tierischen und pflanzlichen Zellen statt.
Im Verlauf der Glykolyse erfolgt schrittweise eine Zerlegung des C_6-Körpers Glucose in zwei C_3-Körper Brenztraubensäure unter Gewinn von **ATP** und **NADH/H⁺** (Reduktionsäquivalent in der Dissimilation).
$NADH/H^+$ und ATP entstehen bei einem Teilschritt der Glykolyse, der formal eine Umkehrung der schon aus dem Calvin-Zyklus bekannten Reaktion darstellt (siehe S. 96):

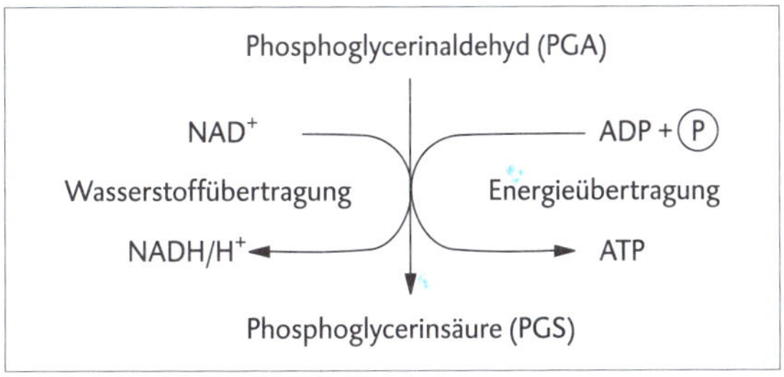

Abb. 45: Oxidation von PGA zu PGS

Stoffbilanz der Glykolyse:

$$\underset{\text{Glucose}}{C_6H_{12}O_6} + 2\,NAD^+ + 2\,ADP + 2\,Ⓟ \longrightarrow \underset{\text{Brenztraubensäure}}{2\,C_3H_4O_3} + 2\,NADH/H^+ + 2\,ATP$$

11.2 Anaerober Abbau (Gärungen)

Gärungen sind ursprüngliche Formen der Energiegewinnung (sauerstofffreie Uratmosphäre, keine besonderen Zellorganellen erforderlich). Sie werden von vielen Organismen durchgeführt, die ohne Sauerstoff leben müssen oder können. Bei den Gärungen wird im Anschluss an die Glykolyse die Brenztraubensäure (bzw. ein Folgeprodukt) wieder durch $NADH/H^+$ reduziert. Dadurch wird NAD^+ als Oxidationsmittel zurückgewonnen, sodass die Oxidation des PGA zur PGS und damit der ATP-Gewinn in der Glykolyse weiterlaufen können.
Der kurze Abbauweg führt zu relativ energiereichen Endprodukten und ermöglicht somit nur eine geringe Energieausbeute. Der energetische Gewinn besteht bei Gärungen aus jeweils 2 ATP aus der Glykolyse. Dies entspricht einem Wirkungsgrad von nur etwa 5 % (gegenüber dem Energiegewinn bei der Verbrennung von Glucose)!

Die beiden wichtigsten Gärungsarten unterscheiden sich im Wasserstoffakzeptor und damit auch in ihrem Endprodukt.

Milchsäuregärung

Brenztraubensäure wird in einem Schritt durch $NADH/H^+$ zu Milchsäure reduziert.

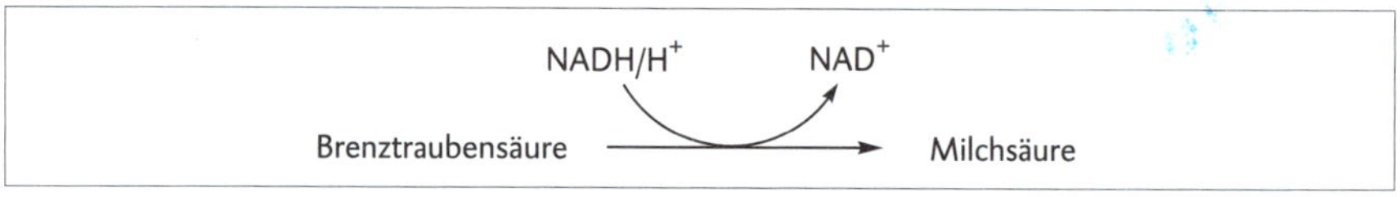

Abb. 46: Umwandlung der Brenztraubensäure in Milchsäure

Bruttogleichung der Milchsäuregärung:

$$\underset{\text{Glucose}}{C_6H_{12}O_6} + 2\,ADP + 2\,Ⓟ \longrightarrow 2\,\underset{\text{Milchsäure}}{C_3H_6O_3} + 2\,ATP$$

Zur Milchsäuregärung greifen z. B. die Muskelzellen, um kurzfristig auch ohne Sauerstoff Bewegungsenergie zu erhalten. Die Höhe der „Sauerstoffschuld" ist abhängig vom Sauerstoffvorrat in Muskel und Blut sowie vom Trainingszustand.
Die Sauerstoffschuld muss in der Erholungsphase durch entsprechende Sauerstoffaufnahme abgetragen werden. Die angehäufte Milchsäure wird wieder in Brenztraubensäure überführt und aerob abgebaut.

Alkoholische Gärung

Von Brenztraubensäure wird zuerst Kohlenstoffdioxid abgespalten und es entsteht Ethanal (Acetaldehyd), ein C_2-Körper. Diese giftige Verbindung wird unter Verbrauch eines Reduktionsäquivalents $NADH/H^+$ sehr schnell zu Ethanol (Alkohol) reduziert.

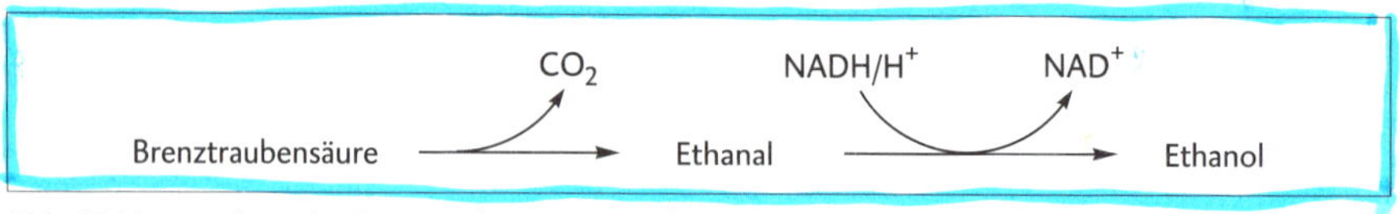

Abb. 47: Umwandlung der Brenztraubensäure in Ethanol

Bruttogleichung der alkoholischen Gärung:

$$\underset{\text{Glucose}}{C_6H_{12}O_6} + 2\,ADP + 2\,Ⓟ \longrightarrow 2\,\underset{\text{Ethanol}}{C_2H_5OH} + 2\,CO_2 + 2\,ATP$$

Wenn kein Sauerstoff in der Umgebung vorhanden ist, können Hefepilze zum Beispiel von der Zellatmung auf die alkoholische Gärung „umschalten“ und so trotz Sauerstoffmangel (wenn auch langsamer) weiterwachsen. Da ohne Sauerstoff leben können (aber nicht müssen, wie manche anderen Mikroorganismen, die Gärung betreiben), nennt man sie **fakultative Anaerobier**.
Hefen, die alkoholische Gärung durchführen, finden vielfach Verwendung in der **Biotechnologie**:

- Herstellung von alkoholhaltigen Getränken wie Wein oder Bier: Bei ausreichendem Zuckergehalt steigt die Alkoholkonzentration auf etwa 18 Volumenprozent Ethanol. Ein höherer Alkoholgehalt ist für die Hefen tödlich.
- Herstellung von Industriealkohol als Treibstoff, Lösungsmittel oder industrieller Grundstoff: Vergoren werden z. B. zuckerhaltige Abfälle aus der Zuckerrübenverarbeitung.
- Herstellung von Backwaren: Das im Verlauf der Gärung gebildete Kohlenstoffdioxid treibt den Teig auf.

11.3 Aerober Abbau (Atmung)

Steht der Zelle Sauerstoff zur Verfügung, kann das anfallende NADH/H$^+$ mithilfe des Sauerstoffs wieder zu NAD$^+$ oxidiert werden. Es steht also immer genügend NAD$^+$ zur Verfügung und Glucose kann vollständig zu Kohlenstoffdioxid und Wasser abgebaut werden.
Formal lässt sich dieser aerobe Abbau der Glucose als Umkehrung der Fotosynthese darstellen:

Summengleichung der Zellatmung:

$$C_6H_{12}O_6 + 6\,O_2 \longrightarrow 6\,CO_2 + 6\,H_2O$$

Dabei werden 38 ATP pro Mol Glucose gebildet; das entspricht einem Wirkungsgrad von 39 %. Der beinahe zwanzigfache Energiegewinn gegenüber den Gärungen verdeutlicht die Effizienz und damit die Überlegenheit der Atmung. Aus diesem Grund hat sich diese Art der Energiegewinnung vermutlich auch bei allen höheren Tieren und Pflanzen als die erfolgreichste durchgesetzt.

Bis zur Brenztraubensäure ist der Abbauweg der gleiche wie unter anaeroben Bedingungen: die Glykolyse im Zytoplasma. Der weitere Abbau der Brenztraubensäure unter aeroben Bedingungen findet dann in zwei Phasen in den **Mitochondrien** der Zelle statt.

Citronensäurezyklus

In dieser ersten Phase wird das Kohlenstoffgerüst der Brenztraubensäure schrittweise in drei Moleküle Kohlenstoffdioxid abgebaut. Die Abspaltungen von CO_2 finden gekoppelt an ein Trägermolekül in einer zyklischen Reaktion statt, in der das Trägermolekül regeneriert wird (Citronensäurezyklus). Bei den Abbaureaktionen entstehen NADH/H⁺ und $FADH_2$ (ebenfalls ein Reduktionsäquivalent) sowie ATP.

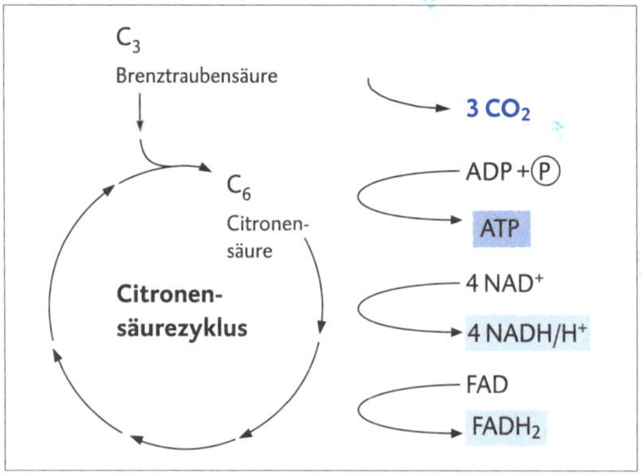

Abb. 48:
Abbau der Brenztraubensäure im Citronensäurezyklus

Beim Abbau von einem Molekül Glucose (= 2 Moleküle Brenztraubensäure) entstehen bis zu diesem Zeitpunkt also 6 Moleküle CO_2, 4 ATP (je 2 aus der Glykolyse und aus dem Citronensäurezyklus), 10 NADH/H⁺ (2 aus der Glykolyse und 8 aus dem Citronensäurezyklus) und 2 $FADH_2$.

Atmungskette

In der zweiten Phase der Zellatmung werden die Reduktionsäquivalente NADH/H⁺ und $FADH_2$ mithilfe von Sauerstoff oxidiert und es wird Wasser gebildet. Die chemischen Vorgänge in der Atmungskette lassen sich mit einer Knallgasreaktion vergleichen, bei der Wasserstoff und Sauerstoff explosionsartig unter Freisetzung von viel Energie zu Wasser reagieren. In der Atmungskette muss diese Reaktionsenergie jedoch stufenweise abgegeben werden, um den Aufbau von ATP zu ermöglichen.
Dazu wird der Wasserstoff von NADH/H⁺ und $FADH_2$ an Proteine der Atmungskette abgegeben, die nebeneinander in der Mitochondrienmembran angeordnet sind. Die Elektronen werden nun von einem Protein zum anderen weitergegeben (ähnlich wie in der Elektronentransportkette der Lichtreaktion der Fotosynthese, siehe S. 94 f.). Dabei wird Energie frei, mit deren Hilfe Protonen über die Mitochondrienmembran gepumpt werden. Das letzte Protein

der Atmungskette überträgt Elektronen und Protonen auf Sauerstoff; dadurch entsteht Wasser.
Wie in den Chloroplasten wird die durch die Protonenpumpen der Atmungskette geschaffene ungleiche Protonenverteilung über die **ATP-Synthase** ausgeglichen, die ATP aus ADP und Phosphat aufbaut.

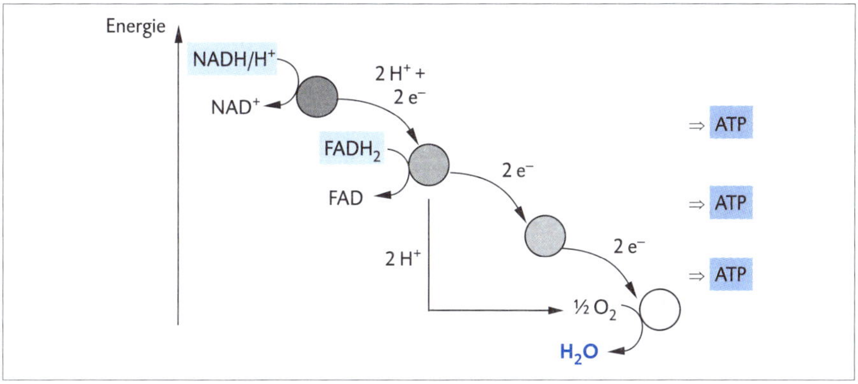

Abb. 49: Schema der Atmungskette

Pro $NADH/H^+$ werden so drei ATP und pro $FADH_2$ zwei ATP gewonnen, insgesamt also 34 ATP. Zusammen mit den 4 ATP aus Glykolyse und Citronensäurezyklus ergibt sich der Gesamtgewinn von **38 ATP** beim aeroben Abbau der Glucose.

Zusammenfassung

- In der Dissimilation werden energiereiche organische Stoffe zur Energiegewinnung abgebaut.
- Der erste Schritt des Abbaus unter aeroben und anaeroben Bedingungen ist die im Zytoplasma ablaufende Glykolyse. Dabei wird Glucose unter Bildung von 2 ATP zu 2 Molekülen Brenztraubensäure abgebaut.
- Unter anaeroben Bedingungen wird Brenztraubensäure in der Milchsäuregärung oder der alkoholischen Gärung zu Milchsäure bzw. Ethanol reduziert. Dadurch wird NAD^+ für die Glykolyse zurückgewonnen. Der Energiegewinn beider Gärungsformen entspricht den 2 ATP aus der Glykolyse.
- Ist Sauerstoff vorhanden, wird die Brenztraubensäure in den Mitochondrien im Citronensäurezyklus vollständig zu Kohlenstoffdioxid abgebaut. Das dabei entstehende $NADH/H^+$ wird in der Atmungskette mithilfe von Sauerstoff oxidiert; es entsteht Wasser. Die in der Atmungskette frei werdende Energie wird zur ATP-Synthese genutzt. Dadurch können in der Zellatmung 38 ATP pro Molekül Glucose gewonnen werden.

Aufgaben

69 a Vergleichen Sie Atmung und Gärung bezüglich ihrer Effektivität in der Energiegewinnung!

b Begründen Sie, warum trotz des deutlichen Unterschiedes beide Formen der Dissimilation von Organismen genutzt werden.

70 Die Muskulatur eines Rekordläufers hat während eines Wettkampfes kurzzeitig eine so hohe Leistung zu erbringen, dass der Mehrbedarf an Sauerstoff durch die beste Atemtechnik nicht zur Verfügung gestellt werden kann.

a Welche Form der Energiegewinnung tritt in den Muskelzellen unter extremen Bedingungen auf?

b Formulieren Sie die Reaktionsgleichung für den Abbau von Glucose im Muskel unter anaeroben Bedingungen!

71 Eine bestimmte Menge Glucose soll durch Zusatz einer bestimmten Menge Hefe vollständig zu Ethanol vergoren werden.

a Wie würden Sie vorgehen? (Beschreibung und Begründung!)

b Geben Sie für diesen Gärungsvorgang eine Summengleichung an!

c Wenn die Hefen nach der Gärung abfiltriert werden, stellt man fest, dass ihre Masse zugenommen hat. Hat dagegen die gleiche Menge Hefe die gleiche Menge Glucose veratmet, ist die Zunahme der Hefemasse viel größer.
Geben Sie eine Erklärung dafür!

72 Die Grafik zeigt den Stoffumsatz einer Pflanze bei Fotosynthese und Atmung.

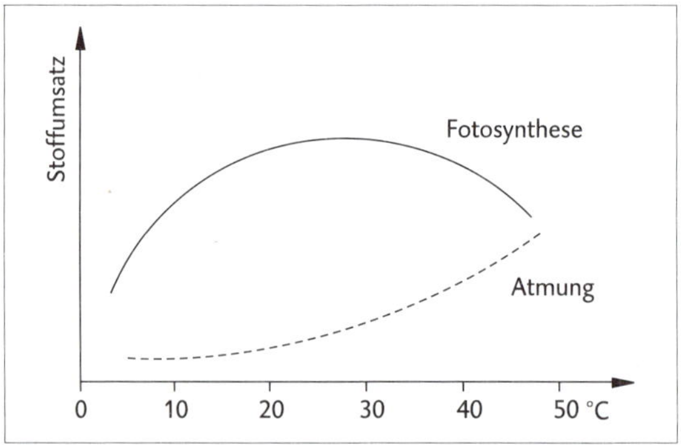

a Interpretieren Sie den Kurvenverlauf!

b Tragen Sie die Resultierende aus beiden Kurven in das Schema ein!

c Bei welcher Temperatur ist die Nettoproduktion der Pflanze am größten? Wann gerät sie ins Defizit?

Ökologie und Umweltschutz

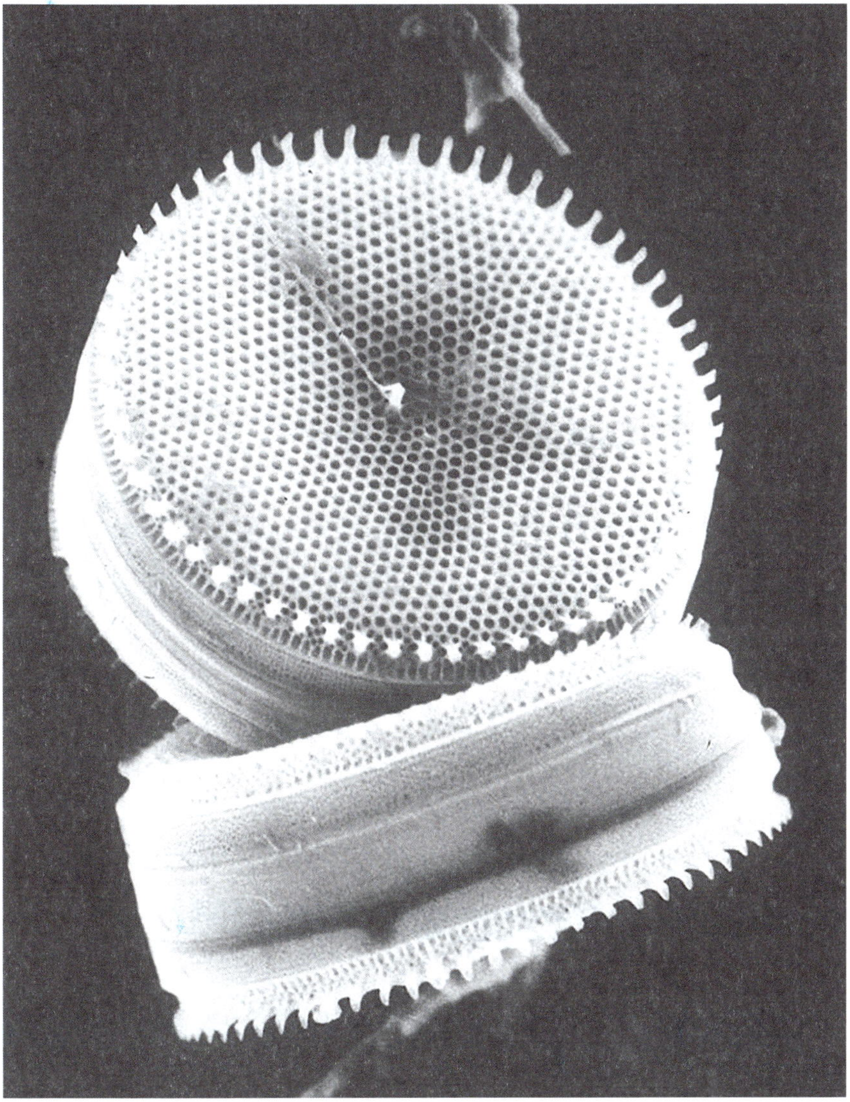

Diatomeen sind Teil des Phytoplanktons in aquatischen Ökosystemen. Diese einzelligen Kieselalgen sind zwischen 10 und 100 µm lang und haben ein „Skelett“ aus Silikat. Sie sind sehr gute Zeigerorganismen (Bioindikatoren), ihr Vorkommen und ihre Artenvielfalt verraten den Gewässerökologen die Güte des Wassers.

12 Wechselbeziehungen zwischen den Lebewesen und ihrer Umwelt

Die **Ökologie** ist die Lehre von den Wechselbeziehungen zwischen Organismen und ihrer abiotischen (unbelebten) und biotischen (belebten) Umwelt. Sie untersucht auch den Stoffkreislauf und den Energiefluss, der durch die Lebewesen in der Natur bewirkt wird.

12.1 Abiotische und biotische Faktoren

Der Lebensraum (das **Biotop**) als Aufenthaltsraum eines Lebewesens ist geprägt durch **abiotische Umweltfaktoren**, die sich aus der Wechselbeziehung zwischen Klima, geografischer Lage und Bodenverhältnissen ergeben.
Die **geografische Lage** (Breitengrad, relative Lage zum Meer, Höhenlage über dem Meeresspiegel, Geländeform u. Ä.) bedingt das Klima. Unter **Klima** versteht man die Witterung an einem Ort im Verlauf eines Jahres. Die Witterung kommt durch die Wechselwirkung von Strahlung (Licht, Wärme), Niederschlag, Wind und Luftzusammensetzung (Sauerstoff-, CO_2-Gehalt) zustande.
Klima und geografische Lage (aber auch biotische Faktoren) gestalten den **Boden**. Die Bodenverhältnisse sind besonders für das Leben der Pflanzen entscheidend, denn der Boden dient ihnen als „Wohnraum" zur Verankerung sowie als Träger und Vermittler von Wasser und Mineralsalzen.
Der Bodentyp bestimmt wesentlich die Anzahl und die Zusammensetzung der Mikroorganismen und begrenzt unmittelbar die Lebensmöglichkeit der in ihm wurzelnden Pflanzenarten. Die auf oder über dem Boden lebende Tierwelt ist nur mittelbar betroffen.

Als **biotische Faktoren** bezeichnet man die Faktoren der lebenden Umwelt eines Organismus an einem Standort. Dazu gehören u. a. die eigenen Artgenossen, konkurrierende Arten und Fressfeinde, Parasiten und Krankheitserreger, aber auch das Nahrungsangebot (Beutetiere oder Pflanzenbestand). Die belebte Umwelt an einem Standort bildet die **Biozönose**.
Ein Lebewesen benötigt zur Sicherung seiner Existenz neben einem Lebensraum und Nahrung in der Regel einen Partner zur Fortpflanzung. Es entsteht eine **Population** (Fortpflanzungsgemeinschaft gleichartiger Individuen) mit gemeinsamem Genbestand (Genpool).

Abiotische und biotische Faktoren wirken in der Natur stets zusammen und formen das **Ökosystem** (Biotop und Biozönose) einer **Population**.

Toleranzbereiche und das Zusammenspiel von Umweltfaktoren

Die Anpassungsfähigkeit eines Organismus entscheidet über seine Verbreitungsmöglichkeiten. Gegenüber einzelnen Umweltfaktoren haben Organismen im Laufe der Evolution unterschiedliche **physiologische Toleranzbereiche** entwickelt. Im Bereich des **Optimums** sind die Bedingungen für die Entwicklung und Fortpflanzung des Organismus am besten. **Minimum-** und **Maximumwert** bilden die äußersten Grenzwerte, die der Umweltfaktor für das Überleben eines Organismus annehmen kann. Nähert sich die Intensität des Umweltfaktors den Grenzwerten, befindet sich der Organismus im **Pessimum**, in dem viele seiner Lebensfunktionen eingeschränkt sind.

> Der **Toleranzbereich** kennzeichnet die Grenzen, in denen ein Organismus die Schwankungen eines Umweltfaktors ertragen kann.

Die unten dargestellte Toleranzkurve gilt für alle Umweltfaktoren (Temperatur, pH-Wert, Sauerstoffgehalt, Salzgehalt u. a) in ähnlicher Weise.

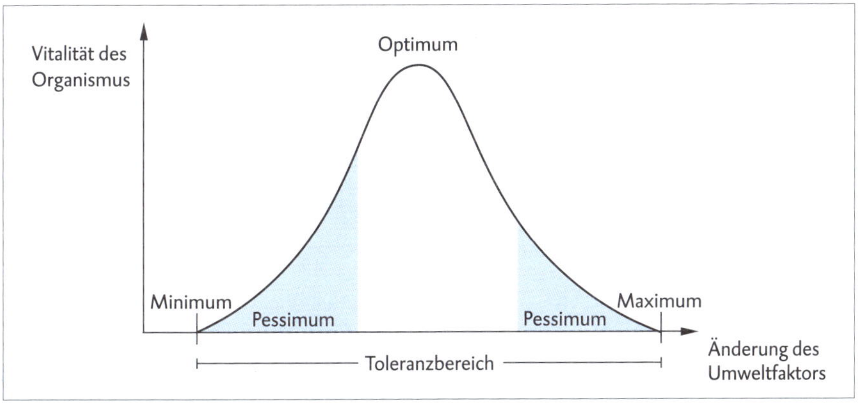

Abb. 50: Toleranzkurve eines Lebewesens

Die Anpassungsfähigkeit verschiedener Lebewesen an denselben Umweltfaktor (ihre **ökologische Potenz**) ist oft sehr unterschiedlich.

> Organismen, die einen großen Toleranzbereich gegenüber einem Umweltfaktor aufweisen, bezeichnet man als **eurypotent**, solche mit engem Toleranzbereich als **stenopotent**. Organismen, die gegenüber vielen Umweltfaktoren eine hohe (niedrige) Toleranz zeigen, heißen **euryök (stenök)**.

Beispiel

In Bezug auf die Temperaturtoleranz unterscheidet man kaltstenotherme Arten wie die Bachforelle, die nur in kaltem Wasser leben kann, warmstenotherme Arten wie den Guppy und eurytherme Arten wie den Karpfen, der sowohl in kaltem als auch in warmem Wasser gut gedeiht.

Jedes Lebewesen ist nicht nur von einem, sondern von einer Vielzahl von Umweltfaktoren abhängig. Diese Umweltfaktoren beeinflussen sich zudem meist gegenseitig. Unter der Vielzahl der verschiedenen Ökofaktoren kommt demjenigen Faktor eine Art Schlüsselstellung zu, der am weitesten vom Optimum entfernt ist.

Da derjenige Faktor, der am weitesten vom Optimalbereich eines Organismus entfernt ist, die Wirkung aller anderen Faktoren begrenzt, bezeichnet man ihn als begrenzenden (limitierenden) Faktor oder als **Minimumfaktor**.

Beispiel

Jede Pflanze benötigt zum Wachsen und Gedeihen eine Reihe von chemischen Elementen (u. a. Stickstoff, Phosphor, Magnesium und Eisen). Liegt eines dieser Elemente als Minimumfaktor vor, ist auch eine erhöhte Zufuhr aller anderen Elemente nutzlos: Die Pflanze bringt keinen höheren Ertrag. Da unter natürlichen Bedingungen meist das Element Stickstoff den begrenzenden Faktor darstellt, hat die Zufuhr von stickstoffhaltigen Düngemitteln enorme Ertragssteigerungen zur Folge. Dies wird in der Landwirtschaft ausgenutzt, indem man den Nutzpflanzen stickstoffhaltigen Dünger zuführt.

Zwischenartliche Konkurrenz – die ökologische Nische

Zwei Arten, die in vielen wesentlichen Faktoren konkurrieren, können auf lange Sicht nicht nebeneinander in einem gemeinsamen Biotop leben. Die konkurrenzschwächere Art wird immer durch die konkurrenzstärkere verdrängt werden. Letztendlich würde dies zum Aussterben der schwächeren Art in dem betrachteten Biotop führen.

Nach dem **Konkurrenzausschlussprinzip** können zwei Arten mit denselben ökologischen Ansprüchen nicht nebeneinander im gleichen Biotop existieren.

Zur **Konkurrenzvermeidung** muss die konkurrenzschwächere Art daher entweder die „Adresse“ ändern und einen neuen Lebensraum besiedeln, d. h. auswandern. Die schwächere Art kann aber auch, sofern dies möglich ist, ihren „Beruf“ im betrachteten Ökosystem (also in der Einheit aus Biotop und Biozönose) ändern, d. h. eine veränderte **ökologische Nische** besetzen.

Die **ökologische Nische** bezeichnet die Gesamtheit aller abiotischen und biotischen Umweltfaktoren, die die Existenz einer Art bestimmen.

Beispiele

Möglichkeiten der Konkurrenzvermeidung sehr ähnlicher Arten im gleichen Biotop:

- Ort der Nahrungssuche: Kohlmeise (Boden) – Blaumeise (Astspitzen)
- Nahrungsgröße: Sperber (klein) – Habicht (groß)
- Zeit der Nahrungssuche: Habicht (tagsüber) – Eule (nachts)
- Temperatur: Strudelwurm *Planaria alpina* (kalter Bereich eines Baches) – *Planaria gonocephala* (wärmerer Bereich eines Baches)

Ökologische Nischen verschiedener Vögel an einem Nadelbaum:

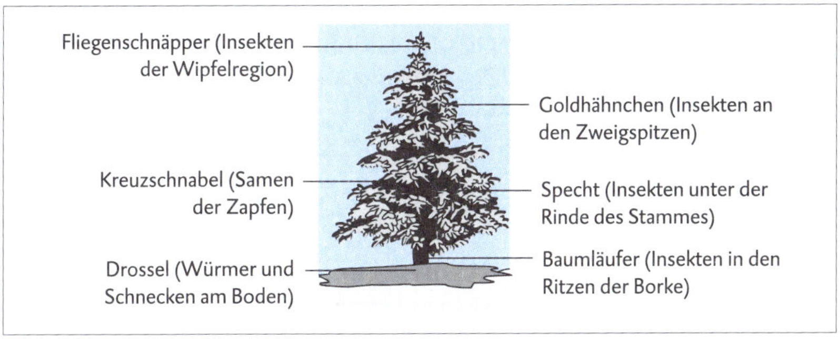

Das Besetzen unterschiedlicher ökologischer Nischen (**Einnischung**) spielt in der Evolution eine sehr wichtige Rolle. Nimmt die Population einer bestimmten Art sehr stark zu, herrscht großer Konkurrenzdruck unter den Artgenossen (innerartliche Konkurrenz, siehe S. 116). Mutationen führen zur Veränderung der genetischen Information und somit zur Veränderung der Lebewesen. Sie können andere ökologische Nischen besetzen.

Beispiel

Aufspaltung der Darwinfinken in verschiedene Arten mit Spezialisierung auf unterschiedliche Nahrung (Körnerfresser, Insektenfresser etc.)

12.2 Entwicklung und Regulation von Populationen

Die Anzahl der Organismen einer Population in einem Biotop ist nicht starr festgelegt, sondern bestimmten Schwankungen unterworfen, die von den jeweils herrschenden Umweltfaktoren abhängen. Die zeitliche Veränderung der Individuenanzahl zeigt meist eine charakteristische **Populationsdynamik**.

Populationswachstum

Das Wachstum einer Population kann (bei ungeschlechtlicher oder vegetativer Vermehrung) von einem einzelnen Individuum oder (bei geschlechtlicher bzw. sexueller Fortpflanzung) von einem Gründerpaar ausgehen.
Die Individuenzahl einer Population bleibt konstant, wenn die Geburtenrate der Sterberate entspricht. Die Wachstumsrate, die sich aus der Differenz zwischen Geburten- und Sterberate ergibt, ist in diesem Fall gleich null. Ein positives Populationswachstum liegt vor, wenn pro Zeiteinheit durchschnittlich mehr Individuen geboren werden als sterben.

Die **Geburtenrate** (b) ist die Zahl der in einer Zeiteinheit durch Geburt zur Population hinzugekommenen Individuen. Die **Sterberate** (d) ist die Zahl der Individuen, die die Populationsgröße in einer bestimmten Zeit durch ihren Tod verringern.
Die **Wachstumsrate** (r) ist die Differenz aus Geburtenrate und Sterberate, bezogen auf die Populationsgröße (p): $r = \frac{b-d}{p}$

Beispiel

Wenn auf 1 000 Tiere 500 Nachkommen und 100 Todesfälle kommen, beträgt die Wachstumsrate $r = \frac{500-100}{1000} = 0{,}4 \mathrel{\hat{=}} 40\,\%$.

Unter optimalen Wachstumsbedingungen ist prinzipiell unbegrenztes Wachstum möglich. Bei vegetativer Vermehrung erfolgt das Wachstum ausgehend von einem Individuum **exponentiell**. Bakterien vermehren sich vegetativ, d. h. durch einfache Zellteilung. Auf diese Weise können sie sich theoretisch alle 20 Minuten verdoppeln. Bei Tieren und Pflanzen mit sexueller Fortpflanzung sind zwei Gründerindividuen nötig. Die Verdoppelungszeit ist zwar länger, die Wachstumskurve aber ebenso exponentiell.

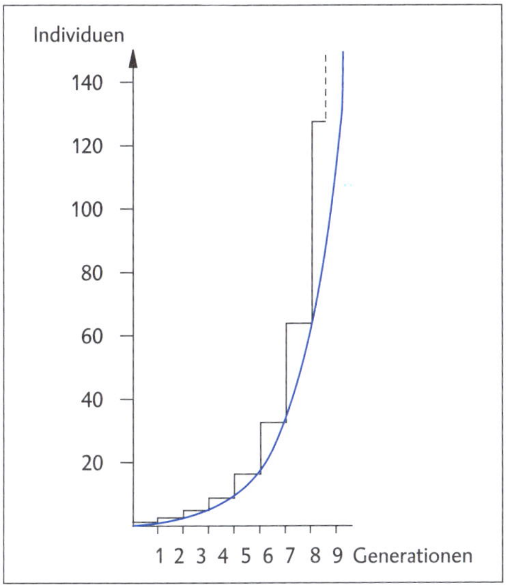

Generation	Individuen-zahl	Potenz-schreibweise
1	1	2^0
2	2	2^1
3	4	2^2
4	8	2^3
5	16	2^4
6	32	2^5
7	64	2^6
8	128	2^7
9	256	2^8
10	512	2^9
11	1 024	2^{10}
12	2 048	2^{11}
13	4 096	2^{12}
14	8 192	2^{13}
15	16 384	2^{14}
n		2^{n-1}

Abb. 51: Exponentielles Wachstum einer Population unter Idealbedingungen

In der Realität ist ein derartiges Wachstum nur für eine begrenzte Zeit möglich, da eine ansteigende Populationsdichte die Lebens- und Vermehrungsbedingungen zunehmend verschlechtert. Bei einer Population mit wenigen Individuen gibt es noch genügend Nahrung für alle und das Biotop ist meist groß genug, um die zusätzlichen Artgenossen aufzunehmen. Nach einer kurzen **Anlaufphase** (A) folgt also eine **Vermehrungsphase** mit exponentiellem Wachstum (B). Schon bald verlangsamt sich jedoch das Wachstum, da ein Umweltfaktor begrenzend auf die weitere Vermehrung wirkt. Die Kurve flacht ab (C) und nähert sich asymptotisch an eine durch die Kapazität der Umwelt vorgegebene Höchstzahl an Individuen an (**sigmoider Kurvenverlauf**). Die tatsächliche Anzahl der Individuen schwankt dann in der sog. **stationären Phase** mit relativ geringer Amplitude um diesen Grenzwert (D).

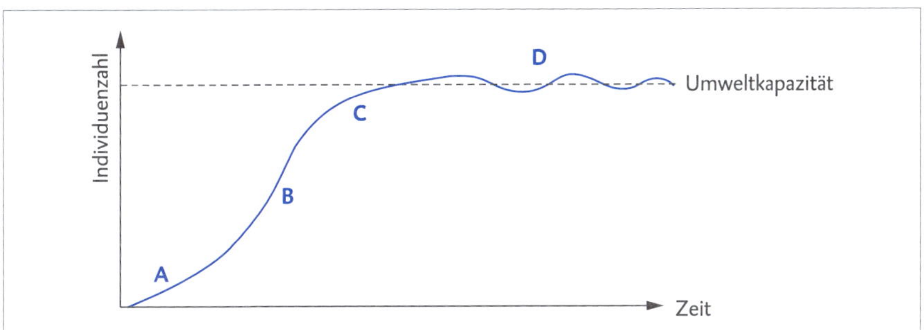

Abb. 52: Tatsächliches Populationswachstum unter realen Bedingungen

Regulation der Populationsdichte

Die Faktoren, die das Wachstum einer Population begrenzen, können abhängig oder unabhängig von der Individuenzahl der Population sein.

Dichteunabhängige Faktoren wirken unabhängig von der Zahl der Individuen der Population auf deren Bestand ein. Neben nicht ansteckenden Krankheiten sind dies vor allem Klima- und Bodenfaktoren (abiotische Faktoren), die das Populationswachstum hemmen (bzw. die Population dezimieren) oder fördern können. Der Einfluss auf die Populationsdichte kann direkt (z. B. Wassermangel) oder indirekt (z. B. schlechtere Nahrungsqualität) sein.

Beispiele

Klimafaktoren, die das Populationswachstum hemmen:

- Hitze, Dürre
- Kälteeinbruch
- Überschwemmungen, Sturm

Klimafaktoren, die das Populationswachstum fördern:

- milder Winter
- ausreichend Niederschlag

Dichteabhängige Faktoren begrenzen den Bestand dagegen abhängig von seiner aktuellen Größe. Die meisten dichteabhängigen Faktoren sind biotische Faktoren, also die Artgenossen, aber auch Nahrungsangebot und Fressfeinde. Die Artgenossen sind für einen Organismus die stärksten Konkurrenten, da sie die gleiche Nahrung, den gleichen Lebensraum und die gleichen Geschlechtspartner in Anspruch nehmen **(innerartliche Konkurrenz)**.

Je mehr Individuen in einem Gebiet leben, desto ausgeprägter wird diese Konkurrenzsituation, da z. B. die Ressourcen immer stärker geteilt werden müssen. Letztendlich bewirken die meisten dichteabhängigen Faktoren einen Rückgang der Geburtenrate in der Population und damit eine Abnahme der Individuenzahl.

Beispiele

- Je mehr Individuen eine Population umfasst, desto härter ist die Konkurrenz um Nahrungsressourcen oder Territorium (Reviere). Dies führt entweder dazu, dass für alle Individuen die Nahrung knapper wird bzw. die Reviere sich verkleinern oder dazu, dass einzelne Individuen sich zu Ungunsten der anderen durchsetzen. In der Folge sinkt die Fortpflanzungsfähigkeit in der Gesamtpopulation ab.

- Der Gedrängefaktor führt zu sozialem Stress mit erhöhter Aggressivität gegenüber den Artgenossen und zu physiologischen Veränderungen (hoher Blutdruck, Stresshormone führen zur Unfruchtbarkeit usw.)
- Ansteckende Krankheiten oder Parasiten können sich umso schneller ausbreiten, je mehr Individuen pro Fläche „erreicht" werden können.
- Sind mehr Individuen vorhanden, so kann sich auch die Population der Fressfeinde stärker vermehren. Dies hat wiederum eine Dezimierung der Beutepopulation zur Folge (s. u.).

Räuber-Beute-Beziehungen

Ein wichtiger Regulationsfaktor der Populationsdichte ist die Anzahl der Fressfeinde bzw. Beutetiere. Betrachtet man die isolierte Beziehung zwischen einem Beuteorganismus und einem Fressfeind, so reguliert die Populationsdichte der Beute die des Räubers (und umgekehrt): Sind viele Räuber vorhanden, gibt es bald nur noch wenige Beutetiere. Von den wenigen Beutetieren können sich nur wenige Räuber ernähren. Sind über längere Zeit wenige Räuber vorhanden, können sich die Beutetiere wieder vermehren. Daraufhin wird es in dem Biotop auch wieder mehr Räuber geben usw.

Darin sah VOLTERRA eine mathematische Beziehung und formulierte folgende Gesetze:

1. volterrasche Regel: Die Individuenzahlen in Räuber- und Beutepopulationen schwanken periodisch (d. h. mit gleicher Frequenz und Amplitude) um einen Mittelwert. Dabei sind die Maxima der beiden Wachstumskurven phasenverschoben (**Gesetz der periodischen Zyklen**).

2. volterrasche Regel: Die Populationsdichten von Räuber und Beute liegen – langfristig gesehen – bei einem konstanten Durchschnittswert. Dabei liegt der Durchschnittswert der Beute- meist über demjenigen der Räuberorganismen (**Gesetz der konstanten Durchschnittszahlen**).

3. volterrasche Regel: Werden Individuen von Räuber und Beute mit gleicher Intensität vernichtet, so nimmt nach Ausschaltung des Störfaktors die Zahl der Beuteorganismen zunächst schneller zu als die der Räuber. Die Räuberpopulation wird durch den auftretenden Nahrungsmangel zusätzlich reduziert (**Gesetz der Störung der Durchschnittszahlen**).

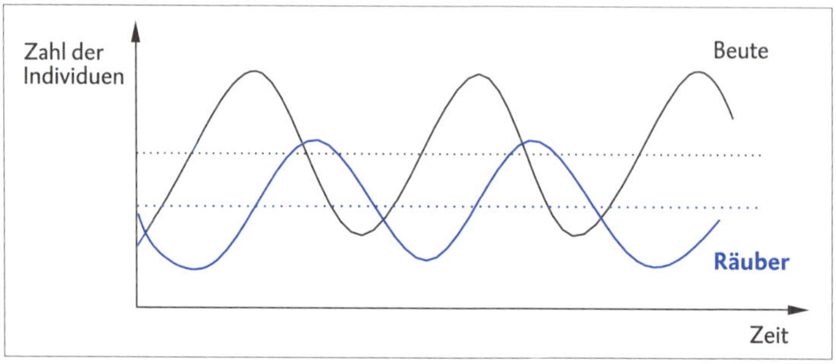

Abb. 53: Schematische Darstellung einer Räuber-Beute-Beziehung

Beispiel

Eine derartige Rückkopplung besteht in Mitteleuropa zwischen Feldmaus und Mäusebussard sowie zwischen Gelbhalsmaus und Waldkauz.

Allerdings beschreiben die volterraschen Gesetze bzw. Regeln nur einen Idealfall. Reale Populationsdichten werden dagegen auch von zahlreichen anderen Faktoren bestimmt. So haben die meisten Räuber zwar eine „Lieblingsbeute", werden aber bei Nahrungsmangel auch auf andere Beuteorganismen ausweichen. Das Gesamtangebot an Beute reguliert die Dichte der Räuberpopulation zusammen mit weiteren dichteabhängigen und -unabhängigen Ökofaktoren.
Auch die Beute wird durch abiotische Einflüsse, das Nahrungsangebot und innerartliche Faktoren meist in einem **biologischen Gleichgewicht** gehalten. Die Einwirkung von Fressfeinden ist hier ebenfalls nur einer der dichteregulierenden Faktoren.

Entwicklung der Erdbevölkerung

Wie wir gesehen haben, wird das Wachstum einer Population einer Tier- oder Pflanzenart von zahlreichen Umweltfaktoren beeinflusst und meist auf einen mehr oder weniger konstanten Durchschnittswert eingeregelt. Die einzige Population, für die dies nicht zutrifft und die langfristig exponentiell wachsen kann, ist die der Menschen.
Vor 10 000 Jahren lebten auf der Erde etwa 5 Millionen Menschen; zur Zeit von Christi Geburt waren es bereits 250 Millionen. Diese Zahl verdoppelte sich innerhalb der folgenden 1 650 Jahre. Bereits 200 Jahre später (um 1850) zählte man auf der Erde 1 Milliarde Menschen; 1930 war die 2-Milliarden- und 1975 die 4-Milliarden-Grenze erreicht. Im Jahr 2004 bevölkerten ca. 6,5 Milliarden Menschen die Erde.

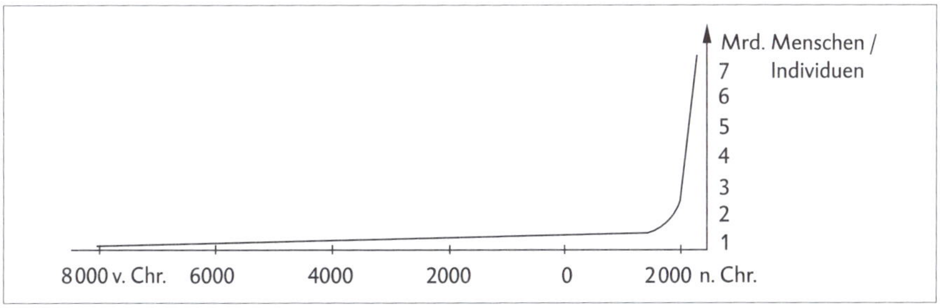

Abb. 54: Wachstumskurve der Menschheit über die letzten 10 000 Jahre

Bei normalem exponentiellem Wachstum verdoppelt sich die Anzahl der Individuen jeweils innerhalb eines konstanten, festen Zeitraums. Im Fall der Erdbevölkerung verkürzte sich dieser Zeitraum jedoch stetig. Während sich die Zahl der Menschen auf der Erde von 1650 bis 1850 von einer halben auf eine Milliarde erhöhte, verdoppelte sie sich von 3 Milliarden (1960) auf 6,5 Milliarden in nur 44 Jahren. Daher handelt es sich bei der Bevölkerungsentwicklung in den letzten 100 Jahren nicht nur um exponentielles, sondern um **superexponentielles Wachstum**.

Dies beruht vornehmlich auf dem technischen und wirtschaftlichen Fortschritt wie auch auf der sich ständig verbessernden medizinischen Versorgung. Trotzdem reicht die Kapazität der Erde für ein derartiges (super-) exponentielles Wachstum der menschlichen Bevölkerung langfristig nicht aus. Die Kapazität der Erde liegt schätzungsweise bei 10–12 Milliarden Menschen. Obwohl die Weltbevölkerung mit fast 6,5 Milliarden Menschen diese Kapazitätsgrenze noch nicht erreicht hat, leiden heute schon mehr als eine Milliarde Menschen an Hunger. Dies liegt weniger an der weltweit zu geringen Produktion von Nahrungsmitteln als an deren ungleicher Verteilung, an Transportschwierigkeiten und vor allem an finanziellen Problemen. Gerade in den Ländern der Dritten Welt, in denen das Bruttosozialprodukt am geringsten ist, ist die Bevölkerungszunahme zum gegenwärtigen Zeitpunkt wesentlich größer als in den Industrienationen. In diesen Ländern stellt eine große Kinderschar auch heute noch eine Art soziale Absicherung dar. Dazu kommen der Mangel an Aufklärung und die oft fehlenden Möglichkeiten des Einsatzes von empfängnisverhütenden Mitteln. Nur wenn es gelingt, die sozialen Strukturen in diesen Ländern zu ändern und die Geburtenrate durch die Einführung von Geburtenkontrolle zu vermindern, wird die Menschheit eine Chance zum Überleben haben.

Zusammenfassung

- Die Ökologie beschäftigt sich mit den Wechselbeziehungen der Lebewesen untereinander und mit der unbelebten Natur.
- Eine Population ist eine Fortpflanzungsgemeinschaft artgleicher Individuen mit gemeinsamem Genpool.
- Die Lebensbedingungen einer Population werden einerseits durch das Biotop (den Lebensraum) mit seinen abiotischen Faktoren (Licht, Temperatur, Bodenverhältnisse …) und andererseits durch die biotischen Faktoren der Biozönose (Gesamtheit der Lebewesen im Biotop) bestimmt. Biotop und Biozönose bilden zusammen das Ökosystem, dessen Teil der betrachtete Organismus/die betrachtete Population ist.
- Bezüglich der Umweltfaktoren haben Organismen unterschiedliche Toleranzgrenzen, innerhalb derer sie überleben können. Der Toleranzbereich und die Lage der Optima sind artspezifische Charakteristika.
- Derjenige Faktor, der am meisten vom Optimum der betreffenden Art entfernt ist, begrenzt das Wachstum der Organismen und heißt Minimumfaktor.
- Aus der Kombination aller abiotischen und biotischen Faktoren ergibt sich die ökologische Nische einer Art.
- Nach dem Konkurrenzausschlussprinzip können keine zwei Arten ein und dieselbe ökologische Nische besetzen.
- Das Populationswachstum würde exponentiell verlaufen, wenn durch die Umweltkapazität nicht ein bestimmter Grenzwert vorgegeben würde. Reale Populationsgrößen nähern sich in einem sigmoiden Kurvenverlauf dieser Umweltgrenze an.
- Dichteunabhängige (Klima) und dichteabhängige Faktoren (Nahrung, Feinde, Krankheiten) regulieren die Populationsgröße so ein, dass sie um den von der Umwelt vorgegebenen Grenzwert schwankt.
- Räuber-Beute-Beziehungen sind ein Spezialfall der dichteabhängigen Regulation von Populationsgrößen. Sie unterliegen den volterraschen Regeln, nach denen die Populationsdichten der Räuber- und Beutepopulation voneinander abhängig sind und periodisch und phasenverschoben um einen Mittelwert schwanken. Nach dem Einwirken von Störfaktoren erholt sich die Beutepopulation schneller als die der Räuber.

Aufgaben

73 Erläutern Sie die Begriffe Biotop, Biozönose und ökologische Nische. Stellen Sie Bezüge zwischen den Begriffen her!

74 Die nachfolgende Grafik zeigt den Einfluss zweier Umweltfaktoren auf die Biozönose folgender Pflanzen:
- Torfmoos (wurzellos; speichert zwischen den Blättchen Wasser)
- Kiefer (tief wurzelnder, lichthungriger Nadelbaum)
- Rotbuche (relativ rasch und hoch wachsender Laubbaum)

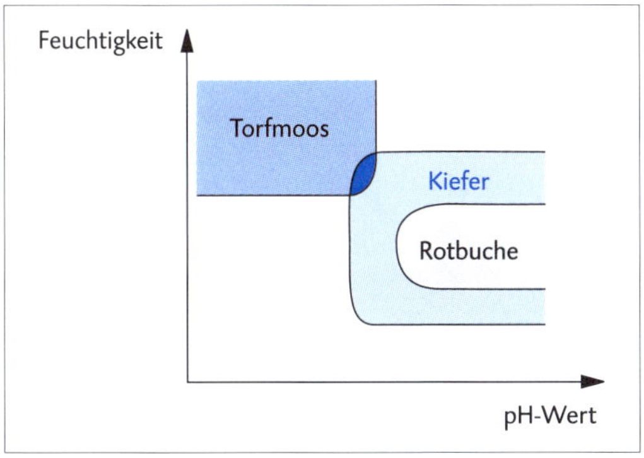

Erläutern Sie am Beispiel der Kiefer die Begriffe „ökologische Nische" und „zwischenartliche Konkurrenz"!

75 Angenommen, ein Bakterium könnte sich ungestört alle 20 Minuten teilen. Dann würde durch das Wachstum dieser Population innerhalb von 36 Stunden eine 30 cm hohen Bakterienschicht die gesamte Erde bedecken.

a Wie verläuft die theoretische Wachstumskurve?

b Wie wächst die Population in Wirklichkeit und welche Faktoren sind für diese Abweichung verantwortlich?

76 Mäusebussard und Eule bewohnen den gleichen Lebensraum und ernähren sich beide von Mäusen. Wie macht sich hier das Konkurrenzausschlussprinzip bemerkbar?

77 In zwei Kulturgefäßen wird die Räuber-Beute-Beziehung zwischen Pantoffeltierchen *(Paramecium)* und dem räuberischen Einzeller *Didinium* beobachtet. Gefäß B enthält im Gegensatz zu Gefäß A poröse Steine.
Das Ergebnis der Beobachtung ist in zwei Kurven dargestellt:

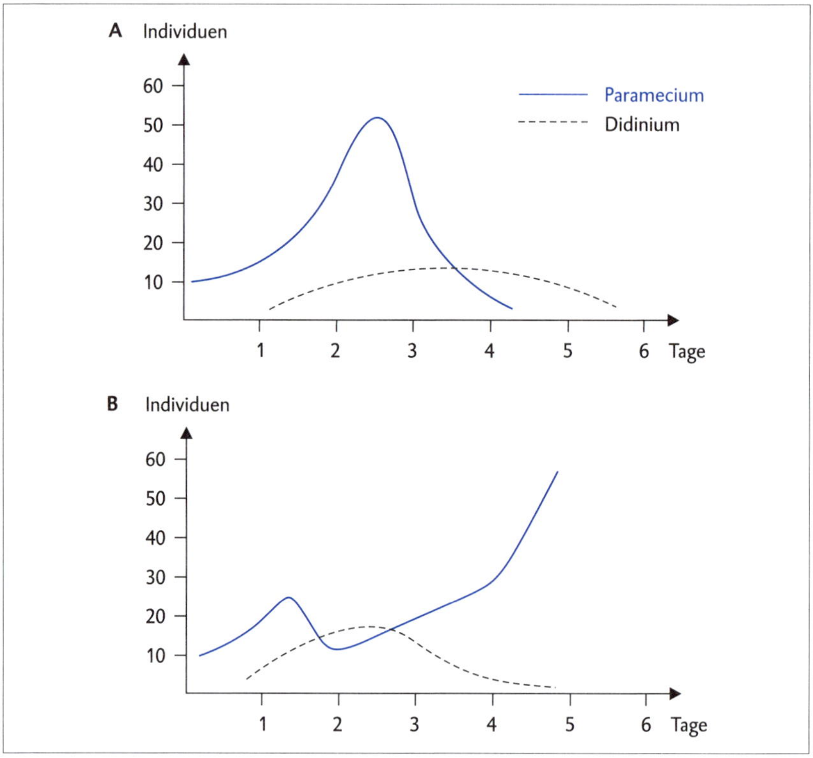

a Erklären Sie das unterschiedliche Populationswachstum von *Paramecium* in den beiden Gefäßen!

b Wie sollte sich nach VOLTERRA die Räuber-Beute-Beziehung entwickeln? Stellen Sie dies grafisch dar!

c Weshalb bricht die *Didinium*-Population in beiden Fällen nach kurzer Zeit zusammen?

d Angenommen, es gerät eine geringe Menge Spülmittel ins Aquarium, die zum Absterben eines großen Teils beider Populationen führt. Wie werden sich die beiden Populationen danach weiterentwickeln?

78 Im Jahr 1905 stellte man den amerikanischen Maultierhirsch im Gebiet des Kaibab-Plateaus in Arizona unter Jagdschutz, da die Population auf 3 500 Tiere zurückgegangen war. In den darauf folgenden Jahren kam es zu einer extrem starken Vermehrung, sodass die Population 1924 auf 100 000 Tiere angewachsen war. In den Folgejahren brach die Population ohne menschliche Einwirkung zusammen. Seit 1940 hat sich der Tierbestand bei 6 000 Individuen eingependelt.

a Stellen Sie die Populationsschwankungen grafisch dar!
b Erklären und begründen Sie den Kurvenverlauf!

79 Der Artgenosse ist der größte Konkurrent eines Lebewesens.

a Begründen Sie diesen Satz!
b Welche Möglichkeiten sehen Sie für innerartliche Konkurrenten, trotzdem in einem begrenzten Gebiet zu koexistieren?

80 Die Rolle, die ein Lebewesen in einem Ökosystem spielt, ergibt sich aus der Kombination aller biotischen und abiotischen Wechselbeziehungen.

a Wie bezeichnet man diese Rolle? (Fachbegriff!)
b In der afrikanischen Baumsavanne leben blattfressende Dikdiks (hasengroße Zwergantilopen), Gerenuks (Giraffengazellen, mittlere Größe) und Giraffen nebeneinander.
Welche Möglichkeit des Zusammenlebens verschiedener Arten zeigt dieses Beispiel? (Geben Sie eine kurze Erläuterung und verwenden Sie Fachbegriffe.)

13 Ökosystem See

Seen sind stehende Gewässer, die von Festland umgeben sind. Sie zählen, im Gegensatz zum Meer, zu den **Süßwasserökosystemen**, zu denen auch noch die Fließgewässer (Bäche, Flüsse) gerechnet werden.
Je nach Größe der stehenden Binnengewässer unterscheidet man Seen, Teiche, Weiher und Tümpel. **Seen** sind sehr große, Weiher und Teiche mittelgroße und Tümpel die kleinsten stehenden Gewässer. Der Übergang vom Weiher zum See ist fließend. **Weiher** sind so flach, dass die Lichtstärke auch am Grund noch zur Fotosynthese genutzt werden kann.
Im Gegensatz zu Seen und Weihern trocknen **Tümpel** im Laufe eines Jahres ein- oder mehrmals aus und füllen sich vom Frühjahr bis zum Sommer wieder mit Wasser. Die Lebewesen des Tümpels müssen daher Austrocknungsphasen überdauern oder einen Ortswechsel vornehmen können. Aus diesen Gründen sind Tümpel fischfrei.
Bei **Teichen** handelt es sich um mittelgroße stehende Gewässer, die künstlich angelegt wurden und daher ab und zu teilweise oder ganz abgelassen werden. Weiher und Seen trocknen dagegen nie aus. Das Gleiche gilt für künstlich angelegte Baggerseen, während den künstlichen Stauseen zumindest regelmäßig größere Wassermengen entnommen werden.

13.1 Die Lebensräume im See

Seen lassen sich sowohl horizontal als auch vertikal gliedern. Die Freiwasserzone (**Pelagial**) wird vom Bodenbereich (**Benthal**) unterschieden. Das Benthal ist vertikal untergliedert in die Uferzone (**Litoral**), den Bereich zwischen der untersten Grenze des Pflanzenwuchses und der Wasseroberfläche, und den Tiefenboden (**Profundal**). Letzterer ist von einer mit zunehmender Tiefe abnehmenden Organismenzahl besiedelt, vor allem mit Destruenten (Zuckmückenlarven, *Tubifex*, Schwämme, Teichmuschel) und Mineralisierern (aerobe und anaerobe Bakterien).
Die Uferzone ist der Bereich, in dem das Licht bis zum Boden reicht, sodass das Ufer mit grünen Pflanzen bewachsen ist, die wiederum Lebensräume für zahlreiche Tiere bilden. Die Uferzone lässt sich in mehrere Abschnitte gliedern: Erlenbruch, Riedgraszone, Röhrichtzone, Schwimmblattzone, Tauchblattzone und Algenzone.

Zone	Typische Tiere und Pflanzen
Erlenbruch (nur bei hohem Wasserstand unter Wasser)	Bruchwald mit Erlen und Weiden
Riedgraszone	Polster bildende Pflanzen wie im Flachmoor: Seggenried mit Moosen, Seggen oder Sauergräsern
Röhrichtzone (Seeufer bis zwei Meter Tiefe)	Röhricht mit Schilf und Rohrkolben als Lebensraum für viele Vögel wie Rohrsänger, -dommeln, -ammer, -weihe; Wasserfrosch
Schwimmblattzone (1–4 Meter Tiefe)	Schwimmblattpflanzen wie See- und Teichrose, Wasserlinse und -knöterich als Lebensraum für Algen, Würmer, Mückenlarven, Hydra, Schnecken, Teichhuhn u. v. a.
Tauchblattzone (etwa 4–8 Meter Tiefe)	Unterwasserpflanzen, ganz oder teilweise untergetaucht, wie Tausendblatt, Laichkraut und Wasserpest
Algenzone (mehr als 8 Meter bis zur Lichtgrenze)	Algenrasen aus Armleuchter-, Grün- und Kieselalgen

Tab. 12: Typische Pflanzen und Tiere der Uferzone

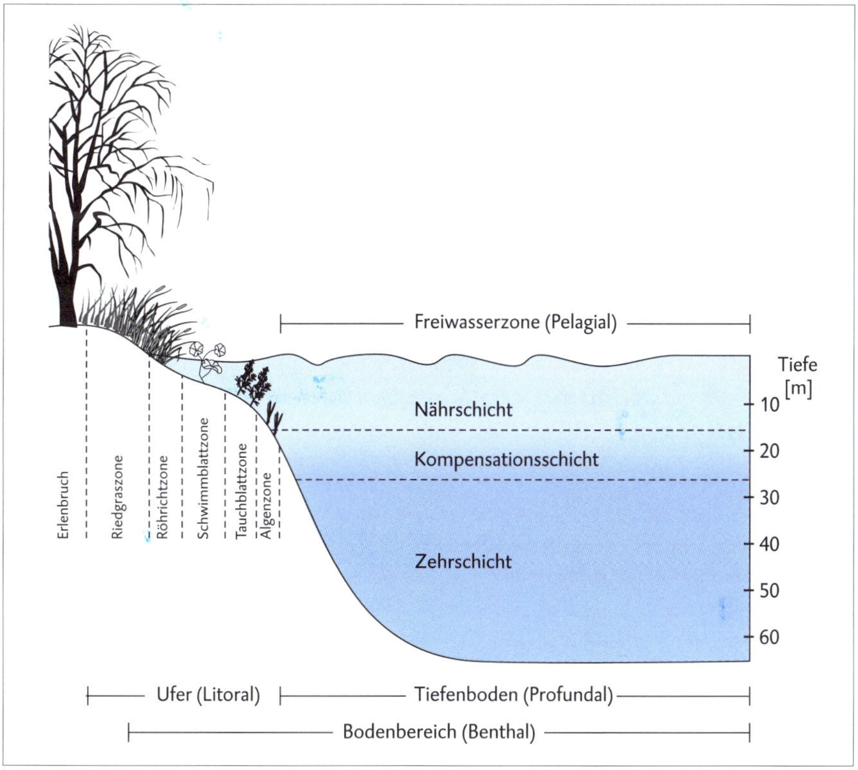

Abb. 55: Horizontale und vertikale Gliederung eines Sees

In Bezug auf Bildung und Verbrauch von Biomasse wird der See vertikal in die obere Nährschicht und die darunter liegende Zehrschicht unterteilt.
Da die Lichtverhältnisse in der **Nährschicht** (0–5 m Tiefe) gut sind, findet man in dieser Schicht vor allem autotrophe grüne Pflanzen, die Fotosynthese betreiben. Hier entsteht und lebt das Phytoplankton (grüne Algen, die ohne Eigenbewegung im Wasser schweben), das durch Fotosynthese Nährstoffe und Sauerstoff produziert. In „Lebensgemeinschaft" damit findet man tierisches Plankton (Zooplankton) wie Wasserflöhe, Hüpferlinge, Wassermilben und Rädertierchen sowie Nekton, d. h. Fische und Fischbrut verschiedenen Alters (Hecht, Karpfen, Elritze, Weißfisch u. a.)
Mit zunehmender Tiefe nimmt die Fotosynthesetätigkeit wegen der zu geringen Lichtintensität schnell ab. Durch absinkende tote Organismen gelangt das Phytoplankton in die **Zehrschicht**, wo es den dort lebenden Tieren als Nahrung dient. In der Zehrschicht findet keine Nährstoffproduktion, sondern ausschließlich Nährstoff- und Sauerstoffverbrauch durch die Konsumenten und Destruenten (siehe S. 130, 131) statt.
Zwischen beiden Schichten liegt die **Kompensationsschicht**, in der sich Produktion und Verbrauch von Nährstoffen in etwa die Waage halten.

Thermische Gliederung und Wasserzirkulation

Wasser besitzt ein hohes Wärmespeichervermögen. Daher wirken sich rasche Temperaturschwankungen der Luft nur sehr langsam auf die Wassertemperatur aus. Aufgrund seines Wärmespeichervermögens kann das Wasser im Sommer viel Wärme aufnehmen und sie in der kalten Jahreszeit wieder langsam an die Umgebung abgeben. Die geringe Wärmeleitfähigkeit des Wassers und die unterschiedliche **Dichte des Wassers** bei verschiedenen Temperaturen tragen dazu bei, dass im Sommer kein großer Wärmeaustausch zwischen der erwärmten Oberflächenschicht und den tieferen Wasserschichten stattfindet.

Bei + 4 °C erreicht das Wasser seine größte Dichte, d. h. Wasser ist bei dieser Temperatur schwerer als wärmeres oder kälteres Wasser (**Dichteanomalie** des Wassers). Deshalb sinkt Wasser mit + 4 °C auf den Boden eines Sees; es entsteht eine stabile **Temperaturschichtung**.

Im Laufe eines Jahres bewirken die jahreszeitlich bedingten langfristigen Temperaturschwankungen jedoch abwechselnd eine Durchmischung (Zirkulation) bzw. eine Stagnation des Wassers.

Bei der Erwärmung der Seeoberfläche im **Sommer** entsteht eine Schicht mit leichterem Oberflächenwasser (**Epilimnion**) und eine mit schwerem Tiefenwasser (**Hypolimnion**). Zwischen beiden Schichten bildet sich die „Sprungschicht" (**Metalimnion**), in der die Temperatur auf wenigen Metern sehr stark abfällt.
Das Oberflächenwasser wird vom Wind durchmischt, innerhalb dieser Schicht ist die Temperatur relativ einheitlich. Aufgrund der geringen Wärmeleitfähigkeit des Wassers isoliert die Sprungschicht das Tiefenwasser, das eine einheitliche Temperatur von + 4 °C hat. Der Austausch von gelösten Gasen und anderen im Oberflächenwasser gelösten Stoffen zwischen den Schichten ist unterbunden (**Sommerstagnation**).

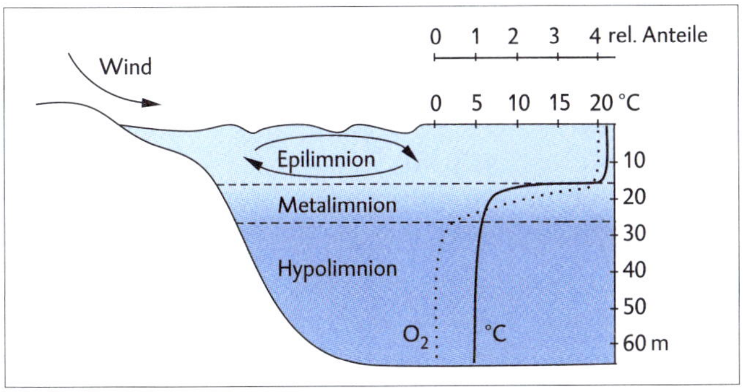

Abb. 56: Sommerstagnation

Im Sommer findet in der Nährschicht eine starke Sauerstoff- und Biomasseproduktion statt. Dies führt zu einem schnelleren Wachstum der Wasserpflanzen und zu einer stärkeren Vermehrung des Phytoplanktons. Je mehr Biomasse sich bildet, desto mehr stirbt schließlich ab und sinkt nach unten ins Hypolimnion.
Aufgrund der fehlenden Durchmischung der Wasserschichten entfällt aber die Sauerstoffzufuhr aus dem Epilimnion. Beim Abbau der organischen Substanzen durch Destruenten (unter Sauerstoffverbrauch) nimmt daher der Sauerstoffgehalt (O_2) im Hypolimnion stetig ab.
Nur in **nährstoffarmen (oligotrophen)** Seen ist diese Sauerstoffzehrung so gering, dass auch Tiere mit hohem Sauerstoffbedarf den Sommer überleben können. In **nährstoffreichen (eutrophen)** Seen haben dagegen nur diejenigen Tiere eine Überlebenschance, die mit wenig Sauerstoff auskommen. Sinkt der Sauerstoffgehalt des Hypolimnions zu stark ab, laufen dort schließlich nur noch anaerobe Abbauprozesse ab und es bilden sich giftige Produkte (siehe S. 138).

Die Abkühlung des Oberflächenwassers im **Herbst** bringt wieder eine einheitliche Temperatur (+ 4 °C) und damit die gleiche Dichte für alle Schichten. Gleichzeitig erzeugt der Wind an der Oberfläche eine Strömung, die sich an den Ufern bricht und das Oberflächenwasser in die Tiefe sowie das Tiefenwasser nach oben befördert. Es kommt zur **Vollzirkulation**, d. h. zur gründlichen Durchmischung der Wasserschichten mit ihren unterschiedlichen Gas- und Mineralstoffgehalten.

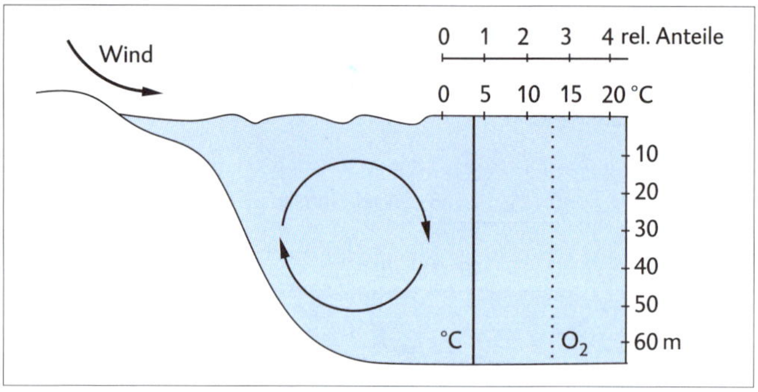

Abb. 57: Vollzirkulation

Im **Winter** kühlt sich die Oberfläche bis auf eine Temperatur um 0 °C ab und es bildet sich oft eine geschlossene Eisdecke. Mit zunehmender Wassertiefe erfolgt ein Temperaturanstieg auf + 4 °C. Eine Zirkulation findet nicht statt, weil durch die Eisdecke eine Wasserbewegung verhindert wird. Es kommt daher zur Winterstagnation.

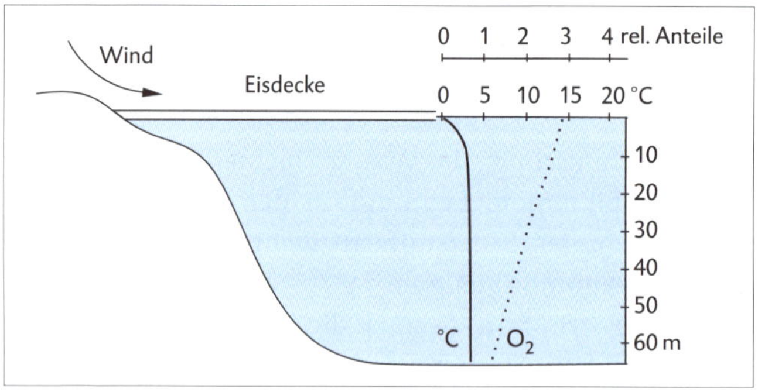

Abb. 58: Winterstagnation

Im **Frühjahr** erwärmt sich das Oberflächenwasser nach der Winterkälte wieder auf +4 °C und sinkt dadurch ab. Damit ist bei Windeinwirkung wieder Vollzirkulation möglich (vgl. Abb. 57).

13.2 Nahrungsbeziehungen

Der Leitspruch „Fressen und Gefressenwerden“ gilt für das Ökosystem See wie auch für alle anderen Ökosysteme. Lebewesen, die andere fressen, sind in vielen Fällen selbst wieder Beutetiere anderer Organismen. Setzt man die Nahrungsbeziehungen, die zwischen Organismen der verschiedensten Arten bestehen, wie in einem Puzzle zusammen, ergeben sich Nahrungsketten, Nahrungspyramiden und Nahrungsnetze.

Ordnet man die Lebewesen eines Biotops nach ihren Nahrungsbeziehungen, so spricht man im einfachsten Fall von einer **Nahrungskette**. Darin werden die linearen Beziehungen zwischen einzelnen Lebewesen in Bezug auf ihre Ernährung aufgezeigt:
grüne Pflanze – Pflanzenfresser – Fleischfresser.

Beispiele

Phytoplankton – Zooplankton – Insekten – Friedfisch – Raubfisch – Otter
Heckenrose – Blattlaus – Marienkäfer – Singvogel – Greifvogel
Graswurzel – kleiner Nager – Wiesel – Tagraubvogel

Zwischen verschiedenen Nahrungsketten kommt es zu zahlreichen Verzweigungen und Verknüpfungen, da sich eine Tierart meist von mehreren anderen ernährt bzw. gefressen wird. Stabile Lebensgemeinschaften sind durch zahlreiche Verknüpfungen der Nahrungsbeziehungen gekennzeichnet.

Berücksichtigt man die vielfältigen Wechselwirkungen der Nahrungsbeziehungen in einer Biozönose (Lebensgemeinschaft), so erhält man keine linear aufgebaute Nahrungskette, sondern ein verzweigtes **Nahrungsnetz**.

Beispiel

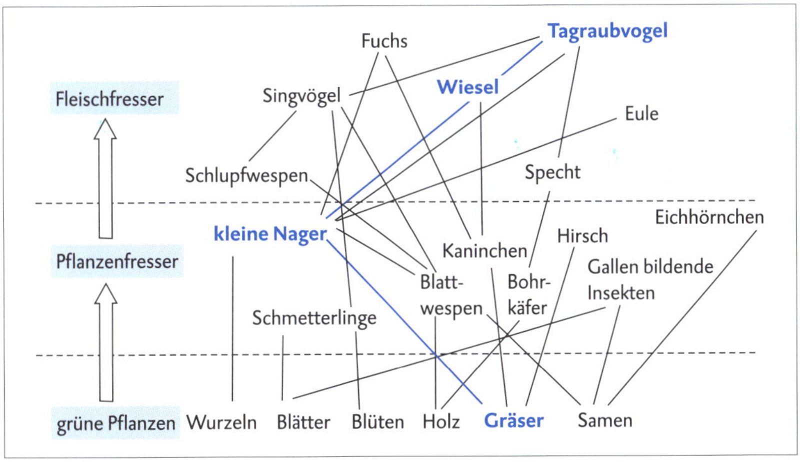

Grüne Pflanzen werden als **Produzenten** bezeichnet, da sie mithilfe der Sonnenenergie organische Stoffe herstellen (siehe S. 93 ff.). Sie bilden die erste Trophieebene (unterste Ernährungsebene) eines jeden Ökosystems.
Pflanzen- und Fleischfresser fasst man als **Konsumenten** zusammen, da sie nur existieren können, wenn sie andere Lebewesen konsumieren (fressen). Sie bauen also organische Stoffe (Nährstoffe) zur Energiefreisetzung ab bzw. in körpereigene Substanz um.
Die Pflanzenfresser werden auch Primärkonsumenten („Erstfresser") genannt und bilden die zweite Trophieebene. Fleischfresser sind Sekundärkonsumenten, Tertiärkonsumenten usw. und bilden die dritte, vierte und höhere Trophieebene des Ökosystems. Allesfresser sind gleichzeitig verschiedenen Trophieebenen zuzuordnen.

Beispiel

Im Ökosystem See setzen sich die autotrophen Produzenten überwiegend aus dem Phytoplankton zusammen, d. h. aus den im Wasser schwebenden, meist einzelligen Algen (1. Trophieebene). Die folgenden Trophieebenen werden durch die heterotrophen Konsumenten besetzt. Sie bauen die von den Produzenten gebildeten organischen Nährstoffe wieder ab:

Produzenten →	Konsumenten 1. Ordnung →	Konsumenten 2. Ordnung →	Konsumenten 3. Ordnung
	Primärkonsumenten →	Sekundärkonsumenten →	Tertiärkonsumenten
1. Trophieebene →	2. Trophieebene →	3. Trophieebene →	4. Trophieebene
Phytoplankton →	Zooplankton →	Friedfische →	Raubfische
z. B. Grünalgen →	Wasserflöhe →	Blaufelchen →	Seeforelle

Allgemein steigt die Körpergröße auf jeder Trophieebene an, während die Individuenzahl abnimmt. Man kann außerdem feststellen, dass beim Übergang von einer Trophieebene auf die nächste nur ca. 10 % der in der Biomasse gebundenen Energie biologisch nutzbar bleiben. Der wesentlich größere „Rest" wird in Form von Wärme an die Umgebung abgegeben. Die Abnahme der Biomasse in der Nahrungskette ist zurückzuführen auf Energieverluste durch

- unvollständige Aufnahme oder Verdauung der Beute,
- Energieverluste bei der Zellatmung und
- Wärmeabstrahlung (bei Tieren mit eigener Körpertemperatur).

Berücksichtigt man die Biomasse bzw. die Individuenzahl in den einzelnen Trophieebenen, so entsteht eine **Nahrungspyramide**.

Beispiel

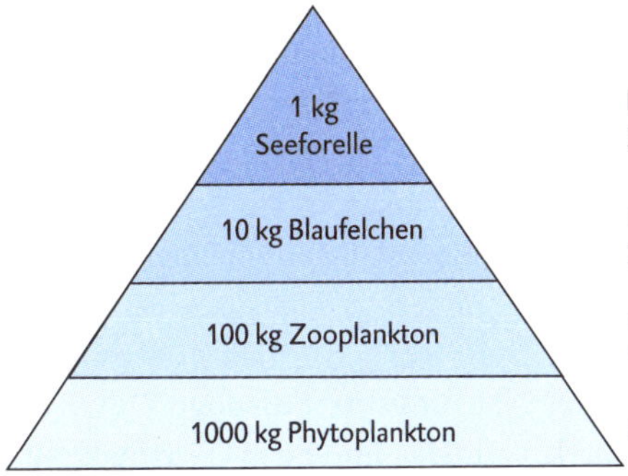

Durchlaufen nicht abbaubare Schadstoffe, z. B. DDT (Dichlordiphenyltrichlorethan), Schwermetallverbindungen (Quecksilber) oder radioaktive Nuklide (Strontium 90) die Nahrungskette, so nimmt ihre Konzentration immer mehr zu, da die Biomasse durch Umsetzung der Nahrung in Energie von einer Trophieebene zur nächsten abnimmt. Ist eine tödliche Konzentration erreicht, bricht die Nahrungskette ab. Besonders oft sind Greifvögel und Fisch fressende Vögel solche „Endglieder".

13.3 Stoffkreislauf und Energiefluss

Bei der Fotosynthese werden Wasser und Kohlenstoffdioxid sowie Mineralstoffe wie die stickstoffhaltigen Mineralsalze Nitrat und Ammonium oder Phosphate verbraucht und in Biomasse festgelegt. Der Aufbau von neuer Biomasse kann daher nicht einfach unbegrenzt weitergehen.

Destruenten („Zerstörer", z. B. Aas- und Kotfresser, Regenwürmer, die Pflanzenreste verwerten, und vor allem Bakterien und Pilze) greifen an jeder Stelle der Nahrungskette an, indem sie unter Energiefreisetzung die organische Substanz der Exkrete, Bestandsabfälle und Leichen in anorganische Stoffe zerlegen (**Remineralisierung** der Biomasse). Da diese nun von den Produzenten wieder aufgenommen werden können, schließt sich die Nahrungskette zum **Stoffkreislauf**.

Im **Stoffkreislauf** wird die abgestorbene Biomasse von den **Destruenten** remineralisiert. Dadurch werden die Ausgangsstoffe für den Aufbau neuer Biomasse bereitgestellt.

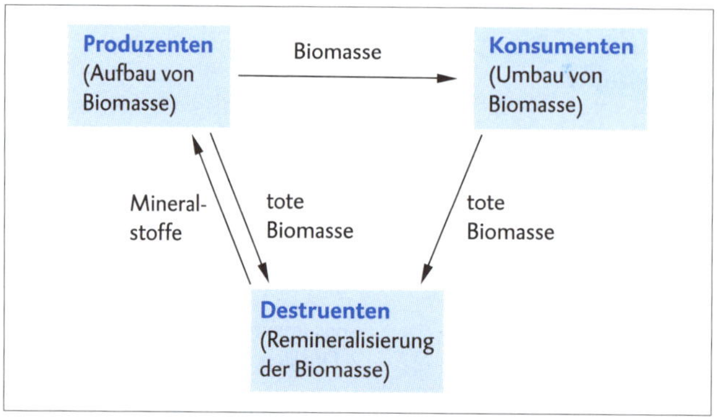

Abb. 59: Vereinfachtes Schema des Stoffkreislaufs

Destruenten bilden meist eine zur Nahrungskette analoge **Detrituskette**, die das tote organische Material durchläuft. Das Ende der Detrituskette bilden die Bakterien. Die von ihnen mineralisierten, abiotischen Stoffe können von Pflanzen aufgenommen werden.

Beispiel Laub – Assel (Kot) – Regenwurm (Kot) – Bakterien

Kohlenstoff- und Sauerstoffkreislauf

Bei der **Fotosynthese** wird Kohlenstoff aus der Atmosphäre von den Produzenten in Form von Kohlenstoffdioxid in organische Verbindungen eingebaut. Diese organischen Verbindungen dienen den Konsumenten als Nahrung. Sie werden zum größten Teil bei der **Atmung** wieder in die Endprodukte Kohlenstoffdioxid und Wasser abgebaut. Die tote Biomasse von Produzenten und Konsumenten wird von den Destruenten (meist unter Sauerstoffverbrauch) ebenfalls zu Kohlenstoffdioxid und Wasser umgewandelt. Konsumenten und Destruenten liefern dadurch wiederum die Ausgangsstoffe für die Fotosynthese.

Ein Teil der toten Biomasse wandelt sich unter bestimmten Bedingungen in Torf um, aus dem nach langer Zeit **Kohle, Erdöl und Erdgas** entstehen. Diese Kohlenstoffverbindungen werden im Haushalt und in der Industrie zur Energiegewinnung verbrannt, wodurch Kohlenstoffdioxid wieder an die Atmosphäre abgegeben wird. Da aber heute viel mehr fossile, d. h. in früheren Jahrmillionen entstandene, Brennstoffe verbraucht werden, nimmt der Kohlenstoffdioxidgehalt der Luft allmählich zu, was eine der Ursachen für den **Treibhauseffekt** ist.

Der Sauerstoffkreislauf hängt eng mit dem Kohlenstoffkreislauf zusammen. Die Produzenten erzeugen bei der Fotosynthese Sauerstoff, der von den Konsumenten und den meisten Destruenten zur Veratmung der Nährstoffe benötigt sowie bei Verbrennungen verbraucht wird.

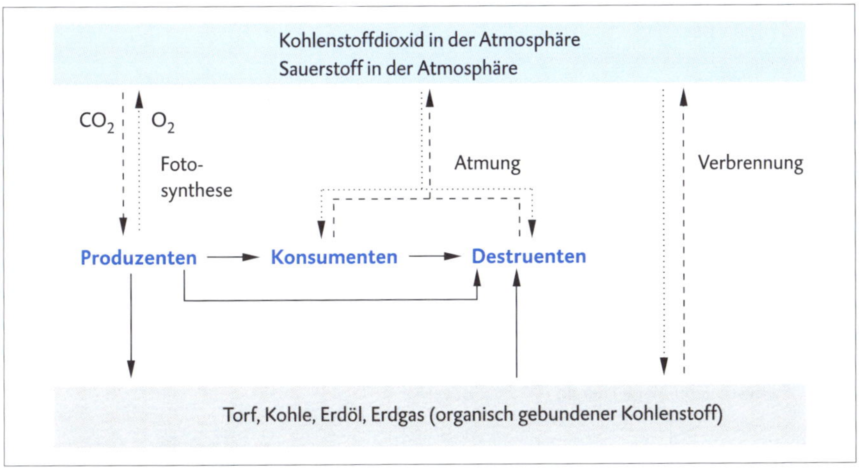

Abb. 60: Vereinfachtes Schema des Kohlenstoff- und Sauerstoffkreislaufs

Energiefluss

Letztendlich stammt alle Energie auf der Erde von der Sonne, auf deren Oberfläche Wasserstoffkerne zu Heliumkernen verschmelzen. Die verschiedenen Formen von Energie entstehen durch Energieumwandlungsprozesse.
Die Erde ist nur Durchgangsstation für die von der Sonne gelieferte Energie. Diese Energie trifft in Form von Strahlungsenergie (sichtbares Licht, UV-Licht und Wärmestrahlen) auf die Erdoberfläche und wird nur zum geringsten Teil (max. 1 % der aufgenommenen Strahlung) von den grünen Pflanzen zum Aufbau von Biomasse verwendet.
Von den in den Pflanzen hergestellten organischen Verbindungen geht nur ein geringer Teil (etwa 10 %) in den Aufbau organischer Verbindungen für die Konsumenten auf der nächsten Trophieebene über. Der größte Teil wird in Form von Wärme abgegeben. Dies gilt auch für die bei der Zersetzung der toten Biomasse frei werdende Energie.
Da Wärmeenergie biologisch nicht mehr verwertbar ist, entsteht ein **einseitiger Energiefluss** von der grünen Pflanze durch die Nahrungskette. Somit strahlt die gebundene Sonnenenergie letztlich als Wärme wieder in den Weltraum ab (Abwärme).

Im Gegensatz zur Materie wird Energie in der Natur nicht recycelt. Es existiert kein Energiekreislauf, sondern ein **Energiefluss**.

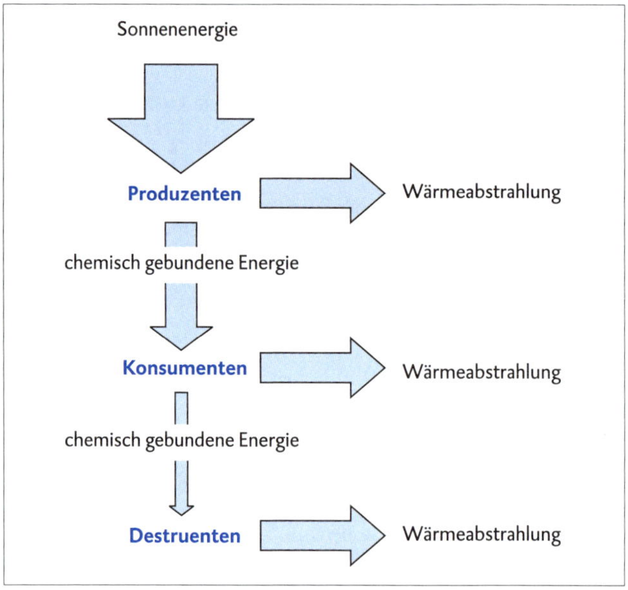

Abb. 61: Vereinfachte Darstellung des Energieflusses auf der Erde

Zusammenfassung

- Das Ökosystem See ist horizontal in die Lebensräume Pelagial (Freiwasserzone) und Benthal (Uferbereich) gegliedert. Beide Bereiche können wiederum vertikal unterteilt werden: das Benthal in das Litoral (Uferzone) und das Profundal (Tiefenboden), das Pelagial in Nähr-, Kompensations- und Zehrschicht.
- Wasser hat aufgrund seiner sog. Dichteanomalie bei +4°C die höchste Dichte, bei Temperaturen darüber und darunter ist es also „leichter".
- Im Jahresverlauf wechseln sich in Abhängigkeit von der Temperatur Durchmischung und stabile Schichtung des Wassers ab. Während des Sommers „schwimmt" warmes Oberflächenwasser (Epilimnion) auf dem kälteren Tiefenwasser (Hypolimnion). Sauerstoffaustausch findet nicht statt. Durch die Atmungsaktivität in der Zehrschicht kann der Sauerstoff im Hypolimnion knapp werden. Im Winter ist die Temperaturschichtung umgekehrt: Kälteres Oberflächenwasser durchmischt sich nicht mit relativ warmem Tiefenwasser. Im Frühjahr und Herbst haben Oberflächen- und Tiefenwasser nahezu die gleiche Temperatur, durch Winde wird das Wasser im See durchmischt (Vollzirkulation).

- Die Nahrungsbeziehungen zwischen den Lebewesen in einem Biotop kann man als Nahrungsketten darstellen. Beachtet man die Verflechtungen zwischen einzelnen Nahrungsketten, so entsteht ein komplexes Nahrungsnetz.
- Die Produzenten (grüne Pflanzen) sind die Nahrungsgrundlage für alle heterotrophen Organismen, die Konsumenten. Produzenten, Pflanzenfresser und Fleischfresser lassen sich in Trophieebenen einteilen.
- Unter Berücksichtigung der Veränderung der Biomasse und der Individuenzahlen auf den einzelnen Trophieebenen ergibt sich eine Nahrungspyramide. Nur ca. 10 % der Biomasse einer Trophieebene können in der darauf folgenden genutzt werden. 90 % der in der Biomasse gespeicherten Energie gehen als Wärme an die Umgebung verloren.
- Durch die Destruenten, die totes organisches Material remineralisieren und damit für die Produzenten wieder verfügbar machen, wird der Stoffkreislauf der Natur geschlossen.
- Die in der Dissimilation verlorene Wärmeenergie kann nicht „recycelt" werden. In der Nahrungskette entsteht daher ein Energiefluss von den Produzenten über die Konsumenten zu den Destruenten.

Aufgaben

81 Im Ökosystem See findet man unter anderem folgende Organismen: Blässhuhn, Frosch, Gelbrandkäfer, Hecht, Karpfen, Kaulquappe, Libellenlarve, Mückenlarve, Phytoplankton, Ringelnatter, Süßwasserpolyp, Wasserpflanze, Wasserschnecke und Zooplankton.

a Ordnen Sie die Lebewesen den Produzenten- und Konsumentengruppen zu!

b Erstellen Sie daraus eine Nahrungskette, die Ihnen am wahrscheinlichsten erscheint!

c Kann man aus den angegebenen Organismen einen Stoffkreislauf konstruieren? Begründung!

82 Auf Neufundland (Tundra mit fester Schneedecke) bestanden die folgenden Räuber-Beute-Beziehungen:
1864 wurden Schneeschuhhasen ausgesetzt, um den Bewohnern eine neue Nahrungsquelle zu erschließen. Gleichzeitig wurde der Waldwolf stärker bejagt und so 1911 schließlich ausgerottet.

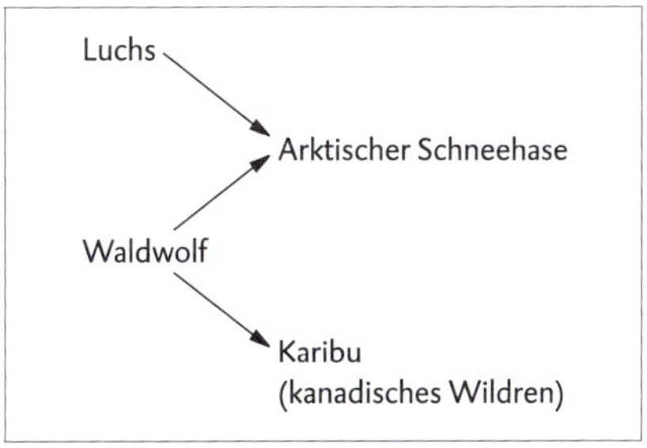

a Stellen Sie die veränderten Nahrungsbeziehungen dar und schätzen Sie die Veränderung der Populationsgrößen ab!

b 1915 brach die Schneeschuhhasen-Population zusammen und entwickelte sich von da an in einem 10-Jahres-Rhythmus. Dieser zeigte sich in der Folgezeit bis 1980 auch bei der Population der Karibu-Hirsche. Seit den 1950er-Jahren fand man viele verendete Kälber mit Abszessen am Hals, die, wie sich bald herausstellte, von Bisswunden herrührten.
Erklären Sie diese Situation anhand von Räuber-Beute-Beziehungen!

83 Erklären Sie am Beispiel der Elemente Kohlenstoff und Sauerstoff den Stoffkreislauf in einem Ökosystem. Stellen Sie den Vorgang grafisch dar!

84 Ein Aquarium enthält nur Wasserpflanzen, Grünalgen, Wasserflöhe, Schnecken und Fische.

a Zeigen Sie daran den Stoff- und Energiefluss des „Ökosystems" auf!
b Welche Wechselwirkungen bestehen mit der Umwelt?

85 Vereinfachtes Nahrungsnetz aus dem Ökosystem Meer:

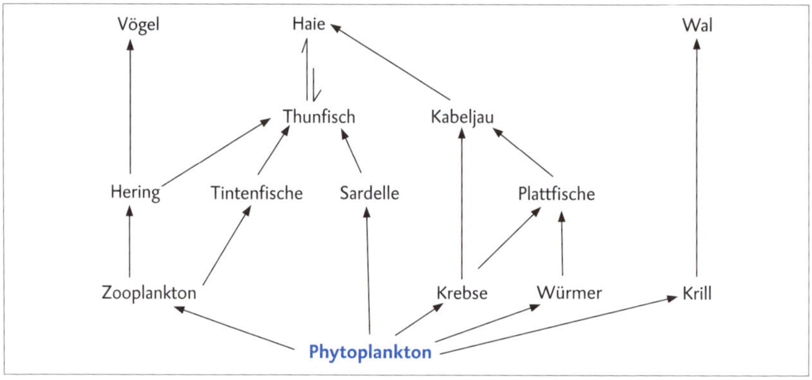

a Wo greift der Mensch intensiv in das Ökosystem Meer ein? Wo wirkt sich sein Eingriff nur gering aus?
b Diskutieren Sie, wie sich der Ausfall eines Gliedes aus diesem Nahrungsnetz auswirkt!

86 Abhängig von der Wassertiefe und der Entfernung vom Ufer kann man in einem See verschiedene Pflanzen- und Tiergesellschaften beobachten.

a Entwerfen Sie ein Schema, das die Gliederung eines Sees in die verschiedenen Lebensräume wiedergibt!
b Charakterisieren Sie die einzelnen Lebensräume mit wenigen Worten!

87 Erklären Sie das „sprunghafte" Absinken von Temperatur- und Sauerstoffgehalt im Metalimnion!

14 Eingriffe des Menschen in Ökosysteme und Maßnahmen des Natur- und Umweltschutzes

Vor einigen tausend Jahren, als die Weltbevölkerung insgesamt etwa 50 Millionen Menschen zählte, befand sich unsere Erde noch im ökologischen Gleichgewicht. In Jahrmillionen der Evolution hatte sich der Lebensraum Erde zu einem sehr stabilen Ökosystem entwickelt. Die Menschen entnahmen, so wie dies viele Naturvölker heute noch tun, nur wenige Rohstoffe und auch die Tier- und Pflanzenwelt wurde durch die menschlichen Eingriffe nicht bedroht. Inzwischen ist die Weltbevölkerung fast um das 1 200fache angewachsen. All diese Menschen brauchen Nahrung, Rohstoffe und Energie. Um den ungeheuren Bedarf zu decken, greift der Mensch immer stärker in die Ökosysteme der Erde ein, zerstört natürliche Biotope und gefährdet viele bis dahin stabile Lebensgemeinschaften. Darüber hinaus trägt er zu einer großflächigen Umweltverschmutzung bei, die alle Lebensräume (Wasser, Boden und Luft) betrifft.

14.1 Gewässerbelastung und Abwasserreinigung

Im naturnahen See ist Phosphat der entscheidende Minimumfaktor für das Wachstum der Produzenten und damit für die gesamte Biomasseproduktion. Phosphat wird im sauerstoffreichen Milieu ständig aus dem Kreislauf entfernt: Im Epilimnion wird frei werdendes Phosphat sofort wieder zum Aufbau neuer Biomasse verwendet (kleiner Phosphatkreislauf). Nur wenig abgestorbenes Plankton sinkt in die Tiefe und das darin gebundene Phosphat sedimentiert nach Freisetzung durch die Destruenten als unlösliches Eisen(III)-phosphat.
Ein solches Gewässer ist bis zu einem gewissen Grad belastbar, wenn kurzfristig Biomasse von außen eingetragen wird, z. B. fallende Blätter im Herbst (**Selbstreinigung** des Gewässers). Gelangt zu viel organisches Material oder Düngemittel (enthält Phosphate und Nitrate) in ein Gewässer, reicht die Selbstreinigungskraft nicht mehr aus. Dies geschieht häufig beim Einleiten von ungeklärten Abwässern oder durch Dünger, der vom Regen aus einem nahe gelegenen Acker ausgewaschen wurde. Als **eutroph** (nährstoffreich) bezeichnet man Gewässer mit starkem Algenwachstum. Das Wasser ist durch diese Schwebstoffe getrübt und somit von geringer Sichttiefe.

Bis zu einem gewissen Grad können Gewässer von außen eingetragene Biomasse abbauen. Diese **Selbstreinigung** kann bei zu starker Belastung mit organischem Material gestört sein. Das Gewässer wird **eutrophiert**.

Selbstreinigung der Gewässer

Gelangen organische Stoffe in den See (z. B. durch Laubfall), so hat dies kurzzeitig eine erhöhte Biomasseproduktion im Epilimnion zur Folge: Aerobe Destruenten (Bakterien) und die von ihnen lebenden Einzeller und Tiere vermehren sich stark. Gleichzeitig wachsen die grünen Pflanzen (Algen) besonders gut, da durch Mineralisierung Phosphate frei werden. Die anfallende tote Biomasse kann nicht mehr im Epilimnion „recycelt" werden und sinkt verstärkt in die tieferen Schichten ab. Dort wird sie von Destruenten remineralisiert, die dabei ebenfalls einen Wachstumsschub erfahren.
Da im Hypolimnion eines oligotrophen Sees aerobe Verhältnisse herrschen, fällt das dabei frei werdende Phosphat als unlösliches Eisen(III)-phosphat aus. Phosphat als Minimumfaktor ist damit aus dem Wasser entfernt und der See hat sich selbst gereinigt, d. h. er hat alle Verunreinigungen in kurzer Zeit so weit mineralisiert, dass der ursprüngliche Reinheitsgrad wiederhergestellt ist.

Eutrophierung durch Eingriff des Menschen

Zu einer Eutrophierung kommt es, wenn ungenügend gereinigte Abwässer, Detergenzien und Düngestoffe (aus Haushalt, Landwirtschaft und Industrie) ständig oder in größerer Menge in ein Gewässer eingeleitet werden. Als Folge des zunehmenden Salz- und Nährstoffeintrags setzt eine starke Vermehrung der Wasserpflanzen, vor allem des Phytoplanktons, ein. Infolge der starken Vermehrung des Phytoplanktons sind die Wachstumsbedingungen für das Zooplankton und die übrigen Pflanzenfresser optimal, sie vermehren sich ebenfalls explosionsartig und verbrauchen einen Großteil des von den Produzenten gebildeten Sauerstoffs. Vor allem nachts (keine Fotosynthese möglich!) kommt es zu Engpässen, sodass immer wieder Organismen absterben und als tote Biomasse ins Hypolimnion absinken.
Hier werden sie von den Destruenten unter Sauerstoffverbrauch abgebaut. Da während der Sommerstagnation kein Gasaustausch zwischen den Schichten möglich ist, wird durch die andauernden Abbauprozesse der Sauerstoff im Hypolimnion bald knapp. Ist im Hypolimnion wenig Sauerstoff vorhanden, bildet sich aus dem unlöslichen Eisen(III)-phosphat wieder das lösliche Eisen(II)-phosphat und die „remobilisierten" Phosphationen fördern im folgenden Herbst bei Vollzirkulation zusätzlich das Pflanzenwachstum.
Da die Destruenten die auf diese Weise anfallende Biomasse nicht schnell genug abbauen können, kommt es mit der Zeit zur Anhäufung toter Biomasse im Hypolimnion. Die starke Vermehrung der Destruenten trägt außerdem immer weiter zum Sauerstoffschwund im Gewässer bei, bis nur noch anaerobe Abbauprozesse möglich sind (**Faulschlammbildung**). Die dabei entstehenden

giftigen Stoffwechselprodukte, z. B. **Faulgase** wie Schwefelwasserstoff (H_2S) und Ammoniak (NH_3), töten schließlich alle anderen Lebewesen im See; man sagt der See „kippt um".
Eine industrielle Erwärmung des Wassers beschleunigt die Eutrophierung durch erhöhtes Wachstum der Organismen und verminderte Sauerstoffbindung im Wasser.

Abwasserreinigung in einer Kläranlage

Die vom Menschen erzeugten Abwassermengen sind so groß, dass die natürliche Selbstreinigungskraft der Gewässer nicht mehr ausreichen würde. Deshalb muss eine Vorreinigung durch Kläranlagen erfolgen, wie sie in den meisten Städten und Gemeinden vorhanden sind. Moderne (nichtindustrielle) Kläranlagen verfügen über drei Reinigungsstufen (industrielle Abwässer erfordern meist zusätzliche spezifische Reinigungsverfahren).

Moderne **Kläranlagen** befreien das Wasser zunächst **mechanisch** von größeren Schmutzpartikeln. Anschließend werden organische Substanzen in einem der Selbstreinigung ähnlichen Prozess von Destruenten **biologisch** abgebaut. Zum Schluss werden die Gewässer belastenden Phosphate **chemisch** ausgefällt.

- **Mechanische Reinigungsstufe:** An einem Grobrechen bleiben alle sperrigen Gegenstände hängen (Vorklärbecken). Dann gelangt das Wasser in ein Sandfangbecken, die Fließgeschwindigkeit verringert sich. Dadurch sinken Sand und Schlamm zu Boden. Im anschließenden Ölabscheider werden Benzin, Heizöl und Fette abgetrennt. In einem weiteren Becken wird die Fließgeschwindigkeit nochmals verringert, sodass auch die groben Schwebstoffe zu Boden sinken.
- **Biologische Reinigungsstufe:** In einem Belebtschlammbecken werden dem Abwasser aerobe Bakterien zugesetzt, um die organischen Stoffe des Abwassers ähnlich wie in der Natur abzubauen. Zur besseren Sauerstoffversorgung wird Luft eingepumpt. Die zersetzten organischen Verbindungen flocken zusammen mit einem Teil der zugesetzten Destruenten aus (**Belebtschlamm**). Der Belebtschlamm wird in einem Nachklärbecken abgesaugt und teilweise in das Belebtschlammbecken zurückgeleitet, um dort optimale Bakterienzahlen aufrechtzuerhalten. Der Großteil der gebildeten Biomasse wird aber in Faultürme geleitet, wo anaerobe Destruenten diese abbauen. Das dabei anfallende Methangas wird u. a. zur Wärmeversorgung des Klärwerks verwendet. Der ausgefaulte Schlamm könnte als

Dünger an Landwirte abgegeben werden. Allerdings bereitet dies zunehmend Schwierigkeiten, da viele Abwässer mit hochgiftigen Schwermetallen wie z. B. Cadmium belastet sind. In solchen Fällen wird der getrocknete und gepresste Klärschlamm auf Deponien gelagert. Mitunter wird Klärschlamm auch mit Kalk vermischt, getrocknet und als Untergrund für Straßenbeläge verwendet. Eine weitere Möglichkeit der Entsorgung besteht im Verbrennen von Klärschlamm bei Temperaturen von ca. 1 000 °C.

- **Chemische Reinigungsstufe:** Bei der chemischen Reinigung werden ca. 90 % der im Wasser gelösten Phosphate z. B. durch Zugabe von Eisensalzen gefällt. Weitere anorganische und organische Ionen werden an einen „Ionenaustauscher" gebunden und so aus dem Abwasser entfernt. Wenn nötig, werden Säuren bzw. Laugen im vorgeklärten Wasser chemisch neutralisiert. Bei hoher Belastung mit krankheitserregenden Keimen erfolgt auch noch eine zusätzliche Desinfektion des Wassers mithilfe von Chlor oder UV-Bestrahlung.

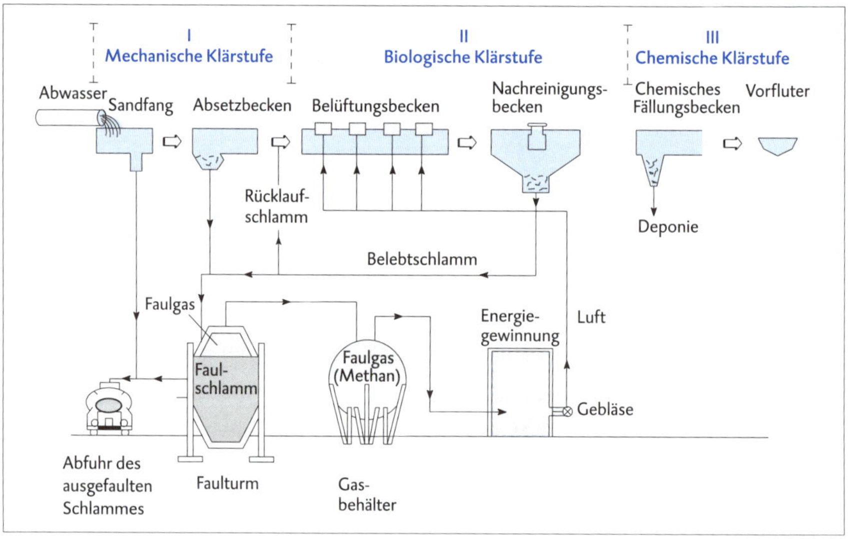

Abb. 136: Schematischer Längsschnitt durch eine Kläranlage

Das Abwasser ist nun zu 90 % von biologisch zersetzbaren Stoffen befreit. Nach weiterer Reinigung im „Vorfluter" und im Abwasserteich können die „Abwässer" in ein natürliches Gewässer eingeschleust werden.

14.2 Landwirtschaft und Waldbau

Noch zu Beginn der Kupferzeit vor ca. 7 000 Jahren war Mitteleuropa reines Waldland (Mischwald). Waldfrei waren nur Sümpfe, Seeränder und Meeresküsten, Trockengebiete (Steppenheide) sowie das Gebirge oberhalb der Baumgrenze. Mit dem Sesshaftwerden des Menschen ergab sich die Notwendigkeit, Wälder zu roden, um Acker- und Weideland zu gewinnen. Es entstanden landwirtschaftliche Monokulturen.

Auch heute sind noch ca. 30 % der Gesamtfläche der Bundesrepublik von Wald bedeckt (7 Mio. Hektar). Davon sind allerdings nur etwa 8 300 ha Naturwaldreservate, der größte Teil wird forstwirtschaftlich genutzt (forstwirtschaftliche Monokulturen).

Naturnahe Wälder dienen nicht nur der Holzgewinnung; sie sind im **Naturhaushalt** von großer Bedeutung und beeinflussen

- das örtliche **Klima** durch erhöhte Abgabe von Wasserdampf,
- den **Wasserhaushalt** (aufgrund zahlreicher Hohlräume im Waldboden sind Wälder ausgezeichnete Wasserspeicher),
- den **Boden** (Wälder verhindern bzw. vermindern die Bodenerosion durch abfließendes Wasser und auch die Winderosion; sie bilden einen Schutz vor Lawinenabgängen, Erdrutschen und Steinschlag),
- die **Luftreinheit** (durch die Windbremsung sinken Schmutzteilchen zu Boden) und
- die **Lärmausbreitung** (Waldstreifen schirmen Siedlungen vom Lärm der Autobahnen ab).

Vor- und Nachteile von Monokulturen

Eine Monokultur ist ein vom Menschen künstlich geschaffener Ausschnitt eines Ökosystems, in dem nur Arten einer ökologischen Nische großflächig vertreten sind. Monokultur bedeutet daher in der Praxis den Anbau einer bevorzugten Pflanzenart auf einer Nutzfläche für einen bestimmten Zeitraum.

Beispiele

Weizen, Kohl, Erdbeeren, Salat, Tomaten, Sonnenblumen, Obst, Baumwolle, Kaffee, Tee, Zitrusfrüchte, Reis, Fichte, Kiefer, Tanne

Der Anbau von Nutzpflanzen in Monokultur hat zahlreiche **Vorteile**:

- Erhöhung der Nahrungsproduktion durch die Beschränkung auf Flächen mit günstigen Anbaubedingungen und die optimale Nutzung der Anbaufläche, dadurch hohe Nettoproduktion von Nahrungsmitteln für den Menschen (gesteigerter Ertrag pro Hektar)

- Rationalisierung der Arbeit beim Säen und Düngen, bei der Verteilung von Schädlingsbekämpfungsmitteln und bei der Nutzung von Maschinen durch Zusammenlegung kleiner, auseinander liegender Flächen (problemloser Einsatz von Maschinen für Ernte und Abtransport bei großen Anbauflächen)
- Rationalisierung durch Beschränkung auf wenige, aber intensiv produzierte Nahrungsmittel je Betrieb (günstigere Produktionskosten; Marktvorteile durch Massenproduktion)

Angesichts der immer weiter steigenden Bevölkerungszahlen ergibt sich aus den Vorteilen der Monokultur, vor allem aus der damit einhergehenden Ertragssteigerung pro Fläche, nahezu eine Notwendigkeit. Dem stehen aber schwer wiegende **Nachteile** gegenüber, z. B.:

- Verarmung des Bodens (Mineralsalzdefizit), verminderte Humusbildung
- Notwendigkeit des Einsatzes von Kunstdünger
- Verdichtung des Bodens durch den Einsatz schwerer landwirtschaftlicher Maschinen
- schnellere Austrocknung des Bodens nach dem Umpflügen und dadurch erhöhte Gefahr der Wind- und Wassererosion
- ökologische Instabilität: Vermehrung und Ausbreitung pflanzlicher und tierischer Schädlinge führt zu Ertragsminderung
- Notwendigkeit der Schädlings- und Krankheitsbekämpfung
- Einsatz von Chemikalien, die über die Nahrungskette zum Menschen gelangen
- möglicher Nahrungsmittelüberschuss
- wirtschaftliche Abhängigkeit der Betriebe

Beispiel

Der Getreideanbau (z. B. der Weizenanbau in den USA) findet weltweit in großflächigen Monokulturen statt. Zum Teil mussten diese zusammenhängenden Feldflächen erst durch das Zusammenlegen kleinerer Parzellen, die Vernichtung von Hecken und Wäldern, das Begradigen von Bachläufen etc. geschaffen werden (**Flurbereinigung**). Dadurch kann die Arbeit beim Säen, Ernten usw. mit Maschinen (Saatmaschine, Mähdrescher) schnell und einfach erfolgen. Das Getreide hat auf den Flächen keine pflanzliche Konkurrenz, alle Nährsalze kommen ausschließlich ihm zugute. Der Ertrag pro Fläche kann deutlich gesteigert werden.

Durch die Enge des Bestandes können sich Getreidekrankheiten sehr leicht verbreiten. Auch andere Schädlinge können sich aufgrund des guten Nahrungsangebotes stark vermehren, z. B. Mäuse als Körnerfresser.

Um die Schädlinge im Griff zu halten, müssen sie mithilfe von chemischen Mitteln bekämpft werden. Maßnahmen wie z. B. das Beizen des Getreides mit Schwermetallsalzen können zu Rückständen führen, die anschließend in die Nahrungskette übergehen.
Bilden sich Resistenzen gegen die Gifte, droht eine Massenvermehrung der Schädlinge. Zumeist schaden die eingesetzten Bekämpfungsmittel auch den Nützlingen, die vorher einen Beitrag zur Dezimierung der Schädlingspopulationen geleistet haben (vgl. 3. volterrasche Regel, S. 117).
Da sich der Anbau des Getreides an einer bestimmten Stelle konzentriert, können die Massenvermehrung der Schädlinge oder auch klimatische Phänomene wie z. B. Hagel zum totalen Ernteverlust führen, der sich für die Betriebe dramatisch auswirkt.
Wenn nach der Ernte auch die Getreidehalme entfernt werden, bleiben nur noch Wurzeln als organische Reste zur Düngung zurück. Dem Boden werden also massiv Nährsalze entzogen (gestörter Stoffkreislauf) und künstlicher Dünger wird erforderlich. Werden die Halme nicht entfernt, sind sie ein optimales Reservoir für Krankheitserreger, die dann im nächsten Jahr die auskeimenden Samenkörner infizieren.
Auf den Getreideanbauflächen fehlt weiterhin der Wald als klimatischer Puffer. Die zwischen Aussaat und Ernte brachliegenden Felder sind daher durch Wind- und Wassererosion stark gefährdet.

Düngung als Folge der Monokultur

Für ein gesundes Wachstum benötigt eine Pflanze neben Wasser und Kohlenstoffdioxid auch Stickstoff, Phosphor, Kalium, Magnesium, Calcium, Schwefel usw. Je besser der Boden mit diesen Elementen versorgt wird, desto besser ist das Wachstum und folglich auch der Ertrag der Ernte. Unter natürlichen Bedingungen verwest die Pflanze nach dem Absterben und die Elemente, die sie dem Boden entzogenen hat, werden diesem durch Mineralisierung der Pflanze wieder zugeführt. In der Monokultur (Land- und Forstwirtschaft) greift der Mensch störend in den Stoffkreislauf ein, indem er bei der Ernte die ganze Pflanze oder Pflanzenteile abtransportiert. Die organisch gebundenen Mineralstoffe gelangen nicht mehr in den Boden zurück und müssen daher durch Düngung ersetzt werden, die in drei Formen erfolgen kann:

- **Einsatz von Kunstdünger oder Mineraldünger:** Auftragen von Mineralsalzen in Form von Ammonium- und Kaliumverbindungen, Nitraten und Phosphaten. Der **Vorteil** der Anwendung von Kunstdünger liegt darin, dass die von den Pflanzen benötigten Stoffe als anorganische Ionen vorliegen

und sich sehr leicht in Wasser lösen. Daher gelangen sie mit dem nächsten Regen sehr schnell an die Pflanzenwurzeln und können von diesen sofort aufgenommen werden. Darüber hinaus kann man die Zusammensetzung eines Kunstdüngergemisches den für die jeweilige Bodenart wichtigsten Komponenten genau anpassen und den Pflanzen nur die Ionen zuführen, die sie für eine Ertragssteigerung wirklich benötigen.
Den Vorteilen der Mineraldüngung stehen aber auch zahlreiche **Nachteile** gegenüber: Zur Produktion von Kunstdünger werden große Mengen an Rohstoffen und Energie benötigt. Kunstdünger kann aufgrund seiner guten Wasserlöslichkeit mit dem Regen leicht ausgewaschen werden und dadurch in nahe liegende Gewässer oder auch ins Grundwasser gelangen. (Ein hoher Nitratgehalt im Trinkwasser ist gesundheitsschädlich!) Bei lang andauernder Düngung besteht außerdem die Gefahr von Rückstandsbildungen im Boden.

- **natürliche Düngung:** Dem Boden werden natürliche organische Stoffe in Form von Humus, Torf, Mist, Gülle bzw. Jauche oder Hornspänen zugeführt. Ein Nachteil der natürlichen Düngung besteht darin, dass die Zusammensetzung solcher Düngemittel variiert und nicht oder nur schwer ermittelt werden kann.
- **Gründüngung** (vorwiegend im ökologischen Landbau anzutreffen): Dem Boden werden ebenfalls organische Stoffe zugeführt, aber in Form von grünen Pflanzen, die untergepflügt werden.

Schädlingsbekämpfung als Folge der Monokultur

Monokulturen schaffen ideale Gegebenheiten für die schnelle Vermehrung von Krankheitserregern wie Pilzen und Bakterien, die sich einfach von Pflanze zur Pflanze ausbreiten können. Für Fraßschädlinge bieten Monokulturen ebenfalls die besten Ernährungs- bzw. Vermehrungsvoraussetzungen, denn die Nahrung ist im Überfluss vorhanden. Ihre natürlichen Feinde aber finden in den einförmigen Kulturflächen keine geeigneten Lebensbedingungen: Nistplätze oder Verstecke fehlen z. B. völlig oder sind in unzureichender Zahl vorhanden. Während sich also im natürlichen Lebensraum ein Gleichgewicht zwischen Räuber und Beute, Pflanze und Tier einstellt, vermehren sich die „Spezialisten" in der Monokultur ungestört.
Der Kampf des Menschen um seine Nahrung, also gegen die Schädlinge seiner Nutzpflanzen und -tiere, wurde jahrhundertelang mit mechanischen und physikalischen Mitteln geführt, z. B. durch Absammeln der Schädlinge, Anbringen von Leimringen an Obstbäumen, Aufstellen von Fallen, Erhitzung der

Vorräte, Fanglaternen, Walzen des Bodens u. a. Mit der Vergrößerung der Anbauflächen und der Zunahme der Nahrungsvorräte wurden diese Methoden ineffizient und sind deshalb seit dem Zweiten Weltkrieg zunehmend durch den Masseneinsatz von Giften ersetzt worden (**chemische Schädlingsbekämpfung**).
Chemische Schädlingsbekämpfungsmittel werden mit dem Sammelbegriff Pestizide (Biozide) bezeichnet. Je nachdem, gegen welche Schadorganismen sie gerichtet sind, unterscheidet man Herbizide (Unkrautvernichtungsmittel), Fungizide (Pilzvernichtungsmittel) und Insektizide (Insektenvernichtungsmittel).

Der Einsatz von chemischen Schädlingsbekämpfungsmitteln bringt einige Vorteile mit sich:
- Sie sind billig in der Herstellung und die Auswahl ist groß.
- Die Anwendung ist einfach und die Mittel können auch auf Großflächen einfach verteilt werden (z. B. durch Versprühen vom Flugzeug aus).
- In der Regel sind die Mittel sehr schnell wirksam und haben eine hohe Abtötungsrate.

Zu den massiven Nachteilen der chemischen Schädlingsbekämpfung gehört, dass
- angesichts der hohen „Lebensdauer" vieler Gifte eine Anreicherung innerhalb der Nahrungspyramide erfolgt.
- die verwendeten Mittel direkt oder über die Nahrungskette eine Gefahr für den Menschen darstellen können.
- gleichzeitig auch nichtschädliche oder sogar nützliche Tiere (z. B. Bienen) vernichtet werden und damit eine Artenverarmung die Folge ist.
- die Gefahr der Auslese resistenter Formen besteht. Es sind ständig neue Gifte nötig, um eine anschließende Massenvermehrung der resistenten Schädlinge zu verhindern.

Eine Alternative ist die **biologische Schädlingsbekämpfung**. Darunter versteht man die Verwendung von Lebewesen zur aktiven Verminderung oder Vertilgung der Schädlinge. So versucht man, mithilfe günstiger Lebensbedingungen (Nahrung, Verstecke, Brutplätze) zur Erhaltung und Förderung der natürlichen Feinde das Nützling-Schädling-Verhältnis zugunsten der Nützlinge zu verschieben. Ebenso möglich ist die Einbürgerung neuer Nützlingsarten bei genauer Kenntnis der Nahrungsbeziehungen im alten und neuen Ökosystem (s. u.).

Beispiele

- Die Rote Waldameise ist ein Räuber vieler Schadinsekten des Waldes.
- Apfelwickler können durch ihren natürlichen Parasiten, die Schlupfwespenlarven, bekämpft werden.
- Bakterien und Viren befallen als Krankheitserreger die Larven von Kohlmotte, Kohlweißling, Mehlmotte, u. a.
- Durch den Import des Marienkäfers nach Kalifornien zur Vernichtung der (früher eingeschleppten) Wollschildlaus konnte der Zitrusanbau gerettet werden.

Zur biologischen Schädlingsbekämpfung zählen auch biotechnische Maßnahmen zur Selbstvernichtung des Schädlings:

- sexuelle Konkurrenz durch sterilisierte Artgenossen (sterile Männchen der Fruchtfliege blockieren die Begattung der Weibchen) oder sexuelle Unverträglichkeit bei Einführung „artähnlicher" Tiere (Begattung und Eiablage erfolgen, es schlüpfen jedoch keine Larven)
- Hormoneinsatz zur Störung von Wachstum und Häutung
- Sexuallockstoffe (Pheromone) zur Anlockung der Männchen (Vernichtung erfolgt dann mechanisch, physikalisch oder chemisch)

Im Vergleich zur chemischen Bekämpfungsmethode hat die biologische Schädlingsbekämpfung folgende Vor- bzw. Nachteile:

- Die Methode ist sehr umweltfreundlich, da sie naturgemäß und ökosystemeigen ist. Es ergeben sich keine Nebenwirkungen wie Resistenz oder Rückstände.
- Die Methode kann auf lange Sicht sehr wirtschaftlich sein, da sich ein Gleichgewicht zwischen Nützling und Schädling auf niedriger Stufe einstellen kann. Die Zucht bzw. Herstellung geeigneter Nützlinge ist allerdings sehr zeitaufwändig und kostenintensiv. Die Erfolge sind meist schwer absehbar bzw. erst nach längerer Zeit zu erkennen. Abgesehen von Einzelfällen ist diese Methode derzeit noch nicht in großem Maßstab durchführbar.
- Bei richtiger Einschätzung der Räuber-Beute-Situation ist eine hohe Selektivität gegeben, d. h. in der Regel ist dann nur der spezielle Schädling von der Maßnahme betroffen. Dazu ist aber ein ebenfalls sehr zeit- und kostenintensives Studium des betroffenen Ökosystems notwendig. Besonders bei der Einführung von fremden Nützlingen besteht ansonsten die Gefahr der nachhaltigen Schädigung des biologischen Gleichgewichts.

Beispiel

Der Mungo wurde 1872 zur biologischen Rattenbekämpfung von Indien nach Jamaika eingeführt, da die Ratten dort den Hauptexportartikel, das Zuckerrohr, fraßen. Der Mungo vermehrte sich mangels Fressfeinden ungehemmt und beseitigte zunächst erfolgreich das Rattenproblem. Gleichzeitig fanden sich aber auch einige heimische Vögel und Reptilien auf dem Speiseplan der Mungos. Die Abnahme dieser Insektenfresser hatte wiederum eine Insektenplage zur Folge, die ihrerseits das Zuckerrohr schädigte. Der Schaden durch die Einführung des Mungo war bereits 1890 größer geworden als der Nutzen. Erst durch die gezielte Bekämpfung des „Nützlings" konnte das biologische Gleichgewicht 1950 wiederhergestellt werden.

Der Vergleich zwischen chemischer und biologischer Schädlingsbekämpfung verdeutlicht, dass keine Alternative die andere ersetzen kann. So hat die biologische Bekämpfung zwar weniger Nachteile, aber auch nicht die Vorteile der chemischen Bekämpfung. Deshalb versucht man heute im **integrierten Pflanzenschutz** unter Vermeidung der Nachteile die Vorteile der chemischen und biologischen Schädlingsbekämpfung zu vereinen, nach dem Motto: „Biologisch so viel wie möglich, chemisch so weit wie nötig".
Unter integriertem Pflanzenschutz versteht man demnach die aufeinander abgestimmte Verwendung aller Bekämpfungs- und Schutzmaßnahmen, soweit sie miteinander verträglich sind und dazu beitragen, die Population der Schadorganismen unterhalb der wirtschaftlichen Schadensschwelle zu halten.
Die völlige Vernichtung des Schädlings ist weder biologisch (wegen der Räuber-Beute-Beziehung) noch wirtschaftlich (wegen des erhöhten Aufwands) sinnvoll. Deshalb wird in der Praxis die „integrierte Methode" darin bestehen, die Schädlinge unter Kontrolle zu halten und erst bei Überschreitung der Schadensschwelle (also der Grenze, ab der der wirtschaftliche Schaden größer ist als der Aufwand für die Bekämpfung) gezielt zu bekämpfen.

Alternative biologischer/ökologischer Landbau?

In der konventionellen Landwirtschaft wurde in den letzten Jahrzehnten die Ökologie der Ökonomie untergeordnet, d. h. der Ertragspreis pro Hektar landwirtschaftlicher Fläche diktierte die Maßnahmen und Entwicklungen im landwirtschaftlichen Bereich. Doch der Preis für dieses wirtschaftliche Denken ist hoch: Viele Pflanzen und Tierarten wurden seltener und einige Arten starben sogar aus. Landschaftsverödung und Überdüngung (Gülle!), Bodenerosion und Umweltverschmutzung, Energieverschleiß und belastete Nahrung

sind einige der wichtigsten Folgen der Intensivierung der landwirtschaftlichen Produktion. Die ökologischen Konsequenzen in der fernen Zukunft sind noch nicht abzusehen. Trotz der Ertragssteigerung in der Tier- und Agrarproduktion sank das Einkommen der Bauern, sodass Subventionen nötig wurden und zahlreiche kleine landwirtschaftliche Betriebe sogar schließen mussten.
Der steigende Nahrungsbedarf der ständig wachsenden Erdbevölkerung erlaubt keinen völligen Verzicht auf Monokulturen im Sinne von „zurück zur Natur". Die Nachteile können aber auf ein Minimum reduziert werden, wenn sich naturnahe Ökosysteme mit artenreichen, stabilen Populationen wie Hecken, Feldgehölzen oder Feuchtbiotopen einerseits und Monokulturen zur Absicherung der Ernährung andererseits mosaikartig abwechselnd auf die Landschaft verteilen. Dies bezeichnet man als **Kulturlandschaft.**

Vorteile	der Kulturlandschaft	gegenüber einer Monokultur
Biotopgestaltung	viele unterschiedliche ökologische Zellen	wenige und einheitliche ökologische Zellen
Nahrungskette	vielfältig vernetzt; mit den umliegenden Biotopen verknüpft	isoliert; vom Menschen beeinflusst
Stoffkreislauf	geschlossen	vom Menschen gestört
Individuendichte	gering bei hoher Artenvielfalt	sehr hoch bei geringer Artenvielfalt
Populationsdichte-schwankung	periodisch mit kleiner Amplitude	Massenvermehrung erwünscht (Nutzpflanze) bzw. als Folge (Schädling) unerwünscht
Biozönose	biologisches Gleichgewicht durch Selbstregulation	instabil, Quasi-Gleichgewicht durch Eingriffe des Menschen

Tab. 13: Vergleich von Kulturlandschaft und Monokultur

In den letzten Jahrzehnten setzte, auch ausgelöst durch zahlreiche Skandale in der Landwirtschaft, bereits ein Prozess des Umdenkens ein: Schweinepest, hormonell belastetes Kalbfleisch, Antibiotikarückstände im Fleisch und Rinderwahnsinn (BSE) führten zum Rückgang des Fleischverbrauchs. Das Auftreten von Salmonellen in Hühnereiern aus Legebatterien ließ auch den Eierverbrauch in letzter Zeit sinken. DDT-Rückstände in pflanzlichen Produkten hatten ein Verbot dieses Insektizids zur Folge. Die Belastung von Gemüse mit Nitrat und Atrazin (ein Herbizid, das im Mais- und Kartoffelanbau verwendet wird) veranlasste einige Landwirte schließlich, sich zu Genossenschaften zusammenzuschließen, die „Bio"-Lebensmittel auf den Markt bringen. Sie verzichten z. B. auf jeglichen Einsatz von Kunstdünger und chemischen Schädlingsbekämpfungsmitteln.

Weitere Grundzüge des biologischen und kontrollierten Pflanzenanbaus bzw. Tieraufzucht sind:

- die Vermeidung bzw. Reduzierung aller Arten von Umweltbelastung;
- die Pflege und Erhaltung des Bodens durch organische Düngung, keine übermäßige Gülledüngung;
- der Verzicht auf Kunstdünger und chemische Schädlingsbekämpfungsmittel;
- der Einsatz von biologischer und biotechnischer Schädlingsbekämpfung, die Förderung der Nützlinge;
- der Verzicht auf den Einsatz von Antibiotika und
- kein Einsatz von Masthilfen, Hormonen und Wuchsstoffen in Pflanzenbau und Tierhaltung.

Ausblick

Nicht nur der Einzelne sollte freiwillig dazu beitragen, die Umwelt zu schützen. Auch der Gesetzgeber muss seinen Beitrag dazu leisten. Die Politiker müssen sich weltweit ihrer Verantwortung bewusst sein, eine lebenswerte Umwelt zu erhalten oder wiederherzustellen. In der Diskussion um den Tier-, Landschafts- und Naturschutz sollten folgende **Forderungen der Naturschutzverbände** berücksichtigt werden:

- Verankerung des Natur- und Umweltschutzes im Grundgesetz
- Schaffung von Planstellen für fest angestellte Naturschützer
- Erhöhung der Fördermittel für Naturschutzprogramme
- verbesserter Gewässerschutz im Bereich der Landwirtschaft
- Einschränkung der Lebendtiertransporte
- Verschärfung der gesetzlichen Maßnahmen zur Rauchgasentschwefelung
- Geschwindigkeitsbegrenzung für Kraftfahrzeuge
- Fahrverbote für Kraftfahrzeuge bei hoher Schadstoffbelastung der Luft
- stärkere Berücksichtigung ökologischer Forderungen bei großen Bauvorhaben wie Hochgeschwindigkeitstrassen und Autobahnen, Flughäfen und Industrieanlagen

14.3 Luftverschmutzung und Luftreinhaltung

Nach dem Kohlenstoffmonoxid, das vor allem durch Verbrennung unter Sauerstoffmangel entsteht, sind die Oxide von Schwefel und Stickstoff die bedeutendsten gasförmigen Schadstoffe, die unsere Atmosphäre belasten. Sie verteilen sich als **Emissionen** in der Luft und können als **Immissionen** auf Menschen, Tiere und Pflanzen einwirken oder aber chemisch verändert als **Depositionen** auf die Erdoberfläche niedergehen.

Schwefeldioxid (SO_2) entsteht hauptsächlich bei der Verbrennung von fossilen Energieträgern wie Kohle und Erdöl. Daneben sind aber auch die biologische Oxidation von Schwefelverbindungen aus Ozeanen und Sümpfen und in geringerem Maße die vulkanische Tätigkeit an der Bildung von SO_2 beteiligt.
Durch die Reaktion von Schwefeldioxid mit Wasser (Feuchtigkeit) entsteht **saurer Regen**. Zunächst bildet sich aus H_2O und SO_2 die schweflige Säure (H_2SO_3). Diese wird dann durch Sauerstoff zu Schwefelsäure (H_2SO_4) oxidiert.

Wichtigste Emissionsquelle für **Stickoxide** (NO_X) ist ebenfalls die Verbrennung fossiler Brennstoffe. Weiterhin entstehen Stickoxide durch Blitze, die atmosphärische Oxidation von Ammoniak sowie die Freisetzung aus dem Boden und aus den Ozeanen. Bei Verbrennung, z. B. im heißen Motorraum, entstehen Stickstoffoxide (NO, NO_2) aus Stickstoff und Sauerstoff. Stickstoffdioxid reagiert mit Wasser schließlich zu Salpetersäure (HNO_3).

Smog ist ein künstliches Wortgebilde aus den englischen Bezeichnungen für *smoke* (Rauch) und *fog* (Nebel). Smog liegt in Form einer großen Dunstglocke meist über Großstädten und Industriegebieten, in deren Luft zu viele Staubpartikel schweben. Im Winter entstammen diese Partikel meist den Schornsteinen von Haushalten und Industrieanlagen (Wintersmog). Die Staubteilchen wirken als Kondensationskerne für zahlreiche Säuren in der Luft, z. B. Schwefel- und Salpetersäure, und bilden mit ihnen einen Dunst oder Nebel. Im Sommer sind es vor allem die Stickstoffoxide, die bei Inversionswetterlagen (umgekehrte Wetterlagen, bei denen Warmluft über einer kühleren Luftschicht liegt und zwischen diesen Schichten kein oder nur geringer Luftaustausch stattfindet) für die Smogbildung verantwortlich sind. Bei höheren Stickstoffoxidkonzentrationen zerfällt Stickstoffdioxid unter Lichteinfluss in Stickstoffmonoxid und ein Sauerstoffatom, das mit einem Sauerstoffmolekül zu Ozon reagiert. Bei starker Sonneneinstrahlung bildet sich in der stickstoffoxidbelasteten Atmosphäre daher „Ozon-Smog“.

Mögliche **Auswirkungen** von Smog und saurem Regen:

- Reizung der Atemwege und der Lungen
- Smog unterstützt die Bildung von Schwefelsäure und Salpetersäure aus Wasser (Luftfeuchtigkeit) und Schwefeldioxid bzw. Stickstoffoxiden (saurer Regen).
- Stickstoffoxide (NO/NO_2) beschleunigen die Oxidationsvorgänge in der Luft.
- Saurer Regen schädigt die Blätter und Nadeln von Laub- und Nadelbäumen (die Kutikula wird zerstört, die Blätter und Nadeln trocknen leichter aus).
- Als Folge des sauren Regens tritt auch eine erhebliche Gewässerbelastung auf. Durch die Erniedrigung des pH-Werts werden zahlreiche Bakterien und damit Destruenten geschädigt, was eine unvollständige Zersetzung der toten Biomasse zur Folge hat. Das Zooplankton stirbt ab, ebenso Schnecken und Muscheln, aus deren Schalen das Calciumcarbonat herausgelöst wird. Bei extrem niedrigem pH-Wert kommt es zum Fischsterben.

Mögliche **Gegenmaßnahmen**:

- Verwendung von Katalysatoren in Kraftfahrzeugen (dadurch werden die Stickstoffoxide in den Autoabgasen in unschädlichen Stickstoff und Wasserdampf umgewandelt)
- regelmäßige Kontrolle der Autoabgase (AU: Abgasuntersuchung)
- Verwendung von schwefelarmen Heizmaterialien und Treibstoffen
- Beseitigung von Schwefeldioxid und Stickstoffoxiden aus dem Rauchgas von Kohlekraftwerken (Rauchgaswäsche mithilfe von Calciumhydroxid liefert Calciumsulfat (Gips) und Calciumnitrat)
- Verbot von Autofahrten in den Innenstädte bei hoher Staub- und Rußbelastung im Winter und Inversionswetterlagen im Sommer
- Geschwindigkeitsbeschränkungen auf Landstraßen und Autobahnen; Autos nicht mit Vollgas und Höchstgeschwindigkeit fahren; vor allem auf kurzen Strecken in den Innenstädten das Fahrrad verwenden

Zusammenfassung

- Phosphat ist in naturnahen Seen der Minimumfaktor für das Algenwachstum. Es sinkt mit den toten Algen ins Hypolimnion und wird im Sediment chemisch festgehalten.
- Bei der natürlichen Selbstreinigung der Gewässer führt der Abbau organischer Verschmutzungen zunächst zu einer Vermehrung der Destruenten. Die von ihnen freigesetzten Mineralsalze bewirken eine Vermehrung der Produzenten (Algen). Das Phosphat wird anschließend im Sediment gebunden und das Gleichgewicht ist wiederhergestellt.
- Phosphate aus der Landwirtschaft und den Kläranlagen sowie organische Stoffe aus ungeklärtem Abwasser steigern die Produktivität im Ökosystem See. Es kommt zum Sauerstoffschwund in den Tiefenschichten. Dadurch wird in eutrophen Seen Phosphat aus dem Sediment gelöst, was zusätzlich das Algenwachstum fördert. Der Abbau der entstehenden Biomasse führt zu einem noch stärkeren Sauerstoffmangel. Die Folge sind anaerobe Abbauprozesse mit Faulgasbildung („Umkippen" des Sees).
- Eine voll ausgebaute Kläranlage umfasst drei Reinigungsstufen: die mechanische, die biologische und die chemische. In der biologischen Stufe werden nach dem Prinzip der natürlichen Selbstreinigung organische Stoffe durch Bakterien und andere Einzeller aerob abgebaut. In der chemischen Stufe erfolgt die Entfernung von Mineralstoffen wie Phosphat durch Fällung und evtl. eine Neutralisation und Entkeimung des geklärten Wassers.
- Monokulturen sind künstliche Ökosysteme oder Teile von Ökosystemen, in denen bestimmte Arten durch Pflegemaßnahmen besonders begünstigt werden. Durch den Anbau von Nutzpflanzen in Monokulturen wird der Ertrag gesteigert. Nachteile sind jedoch z. B. das Auftreten von Schädlingen, die Verarmung des Bodens an Mineralstoffen und die Förderung von Erosion.
- Als Folge der Verarmung der Böden in einer Monokultur wird der Einsatz von Düngemitteln nötig. Die übermäßige Verwendung von Düngemitteln belastet das Grundwasser und kann zu Gesundheitsrisiken führen.
- Um die sich in Monokulturen oft stark vermehrenden Schädlinge zu bekämpfen, werden drei Methoden angewendet: Chemische Schädlingsbekämpfungsmittel wirken schnell und sind leicht und billig zu bekommen. Sie vernichten aber auch Nützlinge, reichern sich in den Nahrungsketten an und führen zur Resistenzbildung bei den Schädlingen. Biologische Schädlingsbekämpfung beinhaltet die Begünstigung oder das Ausbringen von Arten, die als Fressfeinde oder Konkurrenten die unerwünschten Arten zurückdrängen. Diese Vorgehensweise erfordert aber viel Zeit und ist häufig relativ teuer. Der integrierte Pflanzenschutz stimmt alle wirtschaftlich, technisch oder ökologisch einsetzbaren Verfahren aufeinander ab, um unerwünschte Arten unter der Schadensgrenze zu halten.
- Im Gegensatz zum konventionellen Landbau, der zumeist auf chemische Intensivmaßnahmen und Monokulturen setzt und damit zahlreiche Probleme nach sich zieht, versucht der ökologische Landbau, die Belastungen der Umwelt sowie seiner Produkte weitgehend zu verringern.
- Schwefeldioxid und Stickoxide aus Verbrennungen sind die Hauptursachen von Luftverschmutzungserscheinungen wie Smog und saurem Regen.

Aufgaben

88 Erörtern Sie die Gründe, aufgrund derer ein Ökologe große Bedenken anmeldet, wenn in einen See ständig erwärmtes Kühlwasser eingeleitet wird!

89 In einen naturnahen See werden alljährlich große Laubmengen eingeschwemmt. Trotzdem kommt es zu keiner Eutrophierung. Suchen Sie Gründe dafür!

90 Zeigen Sie, ausgehend von möglichen Ursachen, wie sich ein nährstoffarmer See schrittweise zu einem Gewässer mit starkem Wachstum anaerober Bakterien wandeln kann!

91 Welche Auswirkungen sind zu erwarten, wenn einem Fischteich über längere Zeit eine nicht zu hohe Menge an Natrium- und Kaliumphosphaten zugeführt wird?

92 Über die Kanalisation gelangen Quecksilber- und Cadmiumsalze in eine Kläranlage, wie sie derzeit von vielen Städten und Gemeinden betrieben wird. Wie wirkt sich dies auf das nachgeschaltete natürliche Gewässer aus?

93 Nennen Sie zwei Faktoren, die die Selbstreinigungskraft eines Gewässers stark beeinträchtigen können, und beschreiben Sie kurz deren Wirkung.

94 Wie entsteht der Klärschlamm in einer Kläranlage?
Welche Probleme treten bei der Verwertung des Klärschlamms auf?

95 Welche Bedeutung hat die chemische Stufe der Abwasserreinigung?

96 Um die ständig wachsende Erdbevölkerung ausreichend mit Nahrung zu versorgen, wird Landwirtschaft in zunehmendem Maße als großflächige Monokultur betrieben.

Erörtern Sie die negativen Auswirkungen, die dabei in Kauf genommen werden (müssen)!

97 Seit es Monokulturen gibt, muss der Mensch gegen Schädlinge und Unkräuter ankämpfen. Worauf ist dies zurückzuführen?

98 Mit Gift gegen Schädlinge – Sieg oder Niederlage?
Welche Nachteile wird man sich einhandeln? Erläutern Sie!

99 Welche Fakten sprechen aus ökologischer Sicht gegen den Einsatz von Kunstdünger?

100 Welche Vorteile besitzt biologisch-ökologischer Landbau gegenüber Monokulturen?

101 Begründen Sie, warum die biologische der chemischen Schädlingsbekämpfung vorzuziehen ist.

102 a Was versteht man unter dem Begriff „integrierter Pflanzenschutz"?

b Warum ist integrierter Pflanzenschutz der biologischen und chemischen Schädlingsbekämpfung vorzuziehen?

103 Unter gemäßigten Klimabedingungen können Blattläuse pro Saison bis zu 16 neue Generationen hervorbringen. Ein einziges Weibchen bringt nach 14 Tagen bis zu dreißig Nachkommen zur Welt. Auf diese Weise könnten bis zum Herbst 6 000 Tonnen neue Biomasse produziert werden.

Welche konkreten Maßnahmen – im Sinne eines integrierten Pflanzenschutzes – könnte man einem Rosenzüchter zur Blattlausbekämpfung vorschlagen?

104 Welche zwei Gase sind in erster Linie für die Entstehung des sauren Regens verantwortlich? Begründung! Durch welche Maßnahmen kann man die Bildung des sauren Regens eindämmen?

105 Warum bildet sich über Großstädten vor allem im Sommer häufig Smog?

Lösungen

1 a Der grundlegende Unterschied besteht in der Aufteilung der Euzyten in Kompartimente oder Reaktionsräume. Am augenscheinlichsten ist die Abtrennung der Erbsubstanz vom Zellplasma durch die Kernmembran. In eukaryontischen Zellen liegt die Erbsubstanz in mehreren Chromosomen (lineare DNA-Stränge und Histon-Proteine) organisiert vor. In Bakterienzellen liegt die DNA dagegen als ein ringförmiges Molekül „nackt" im Zellplasma.
Der Grund für diesen Unterschied ist in der Menge der DNA pro Zelle zu suchen: Bakterienzellen enthalten wesentlich weniger DNA als Euzyten. Daher ist bei der Zellteilung keine komplizierte Organisation der Erbgut-Verteilung nötig. In Euzyten ist das Erbgut in „Pakete" abgeteilt, die sich in der Mitose leicht ordnen und verteilen lassen.

b Alle Zellen der Eukaryonten müssen bei einer Zellteilung die identische Weitergabe der Erbinformation gewährleisten. Dazu müssen sie den kompletten Zellzyklus durchlaufen: Nach einer Zellteilung wird einerseits in der Interphase die Erbinformation realisiert, d. h. Zellstoffwechsel betrieben, andererseits werden die Einchromatid-Chromosomen wieder zu Zweichromatid-Chromosomen verdoppelt. Diese Schwesterchromatiden können dann in der anschließenden Mitose wieder zur Herstellung zweier kompletter Chromsomensätze für die entstehenden Tochterzellen verwendet werden.

c Die Chromatid-Verdoppelung erfolgt in der Interphase als Vorbereitung auf die nächste Zellteilung. Alternde Zellen teilen sich nicht mehr; damit kann auch die Chromatiden-Verdoppelung unterbleiben.

2 In der Transportform sind die Nukleoproteinfäden zu einer kompakten Schraube spiralisiert. Das „Paket" zeigt die typische Chromosomen- bzw. Chromatidenform und kann auf diese Weise gut in Mitose bzw. Meiose transportiert werden.
In der Funktionsform („Arbeitskern") hingegen sind die Nukleoproteinfäden gestreckt. Damit kann sich die DNA verdoppeln bzw. ihre Information abgelesen und realisiert werden.

3 Mitosestadien in der richtigen Reihenfolge: 5 – 3 – 1 – 4 – 2
 a Zuordnung:
 5 und 3 zur Prophase;
 1 zur Metaphase;
 4 zur Anaphase;
 2 zur Telophase.
 b Vergleichen Sie Ihre Beschreibung mit der von Seite 5.

4 Ziel der Mitose ist die identische Weitergabe der Erbinformation. Diese erfolgt durch Äquationsteilung der Chromosomen in zwei gleiche Schwester-Chromatiden. Aus einer Zelle entstehen auf diese Weise zwei identische Tochterzellen.
Ziel der Meiose ist die Reduktion des Chromosomensatzes (2 n auf n + n) als Ausgangsbasis für die Befruchtung (n + n verschmelzen zu 2 n).
Dabei erfolgt zusätzlich eine Neukombination der Gene durch Crossing-over der Chromosomen im Tetradenstadium sowie die zufallsmäßige Verteilung der homologen Chromosomen auf die Tochterzellen. Es entstehen also genetisch verschiedene Individuen.

5 In der Meiose erfolgt neben der Reduktion des diploiden Chromosomensatzes (Voraussetzung für die Befruchtung, d. h. die Kombination der Chromosomen zweier Lebewesen) auch die zufällige Aufteilung der väterlichen/mütterlichen Chromosomen bei der Trennung der Homologen in der Reduktionsteilung. Durch diese interchromosomale Rekombination werden sehr viele Neukombinationen der Erbinformation möglich. Außerdem werden durch Crossing-over die Gene innerhalb eines Chromosoms durchmischt. Damit ist die Meiose (neben dem Befruchtungszufall) die bedeutendste Ursache für die genetische Variabilität einer Population.

6 Nach der Reduktionsteilung enthält jeder Kern einen haploiden Chromosomensatz. Jedes Chromosom besteht aus zwei Chromatiden, von denen eines durch Genaustausch verändert sein kann.
Nach der Äquationsteilung der Meiose enthält jeder Kern einen haploiden (bei der Mitose einen diploiden) Chromatidensatz. Vor der nächsten Teilung müssen die Chromatiden (= Einchromatid-Chromosomen) durch DNA-Verdoppelung zu (Zweichromatid-)Chromosomen ergänzt werden.
Während die Chromatiden der mitotischen Äquationsteilung mit denen der Ausgangszelle identisch bleiben, sind die aus der meiotischen Äquationsteilung zu 50 % neu kombiniert.

7

Mann	Frau
Bildung von vier gleich großen Spermien	Bildung von einer großen Eizelle und drei Polkörperchen
Reduzierung des Zytoplasmas	ungleichmäßige Verteilung des Zytoplasmas

8 Aus einer Urkeimzelle (2 n) entstehen durch Kern- und Zellteilung vier Spermien (n). Darin ist die Erbinformation der Eltern vollständig enthalten und variabel verteilt. Gleichzeitig ist aber auch das Zellplasma geviertelt – für die Spermien unerheblich, da nur der Kern zur Befruchtung kommt.
Die Eizelle hingegen benötigt nach der Befruchtung das gesamte Zellplasma. Soll gleichzeitig aber die Reduktion auf den haploiden Chromosomensatz und die gleiche Variabilität durch Neukombination wie bei den Spermien erreicht werden, müssen zufallsbedingt drei viertel des Kernmaterials abgetrennt werden. Dies geschieht in Form der Polkörperchen, die in der anschließenden Befruchtung keine Rolle mehr spielen.

9 Während das X-Chromosom sehr viele (geschlechtsgebundene) Gene enthält, ist das Y-Chromosom bis auf die Festlegung des männlichen Geschlechts nahezu gen- und funktionslos.
Einem Lebewesen mit dem Karyotyp 45,Y0 fehlt also die breite Palette der Gene des X-Chromosoms – es ist daher nicht lebensfähig.
Der Karyotyp 45,X0 dagegen bewirkt keine Einschränkung der Lebenserwartung: Da sowieso eines der beiden X-Chromosomen der Frau weitgehend inaktiviert wird (Barr-Körperchen), wirkt sich das fehlende zweite X-Chromosom nicht gravierend auf den Organsimus aus. (Die Veränderung bleibt aber dennoch nicht ganz folgenlos, vgl. Turner-Syndrom S. 29).

10 Bei Pseudohermaphroditen stimmt das chromosomale Geschlecht nicht mit der äußeren Erscheinung überein. Dies kann einfach und jederzeit anhand eines Karyogramms oder der Mikroskopie von Zellen festgestellt werden: Ein oder mehrere X-Chromatinkörperchen (Barr-Körperchen) kennzeichnen das weibliche, das Y-Chromatin (F-Body) das männliche Geschlecht.

11

Gemeinsamkeiten	Unterschiede
• alle Chromosomen treten paarweise auf (diploid) • die Autosomenpaare sind gestaltgleich • man findet X- und Y-Chromosomen	• Form und Größe der Chromosomen • Anzahl der Chromosomen: Schimpanse 48, Mensch 46

12 a Körnerfarbe Mais (dominant-rezessiver Erbgang):

Phänotyp der P-Generation: lila × gelb

Genotyp der P-Generation: AA × aa
Keimzellen: A A a a

Keimzellen	A	A
a	Aa	Aa
a	Aa	Aa

Genotyp der F_1-Generation: Aa
Phänotyp der F_1-Generation: lila

Nachweis der 1. mendelschen Regel: Bei der Kreuzung zweier homozygoter Individuen ist der Phänotyp der F_1-Generation uniform.

Phänotyp der F_1-Generation: lila × lila

Genotyp der F_1-Generation: Aa × Aa
Keimzellen: A a A a

Keimzellen	A	a
A	AA	Aa
a	Aa	aa

Genotyp der F_2-Generation: AA Aa Aa aa

Phänotyp der F_2-Generation: lila gelb

3 : 1

Nachweis der 2. mendelschen Regel: Bei der Kreuzung der F_1-Generation untereinander spalten sich die Phänotypen in der F_2-Generation auf.

b Genotyp des F_1-Bastards: Aa
Genotyp des rezessiven Elternteils: aa

Rückkreuzung: Aa × aa
Keimzellen: A a a a

Keimzellen	A	a
a	A~~A~~a	aa
a	Aa	aa

Ergebnis der Rückkreuzung: Die Nachkommen haben lilafarbene bzw. gelbe Körner im Verhältnis 1 : 1.

c Die Anwendung der Rückkreuzung bei F_2-Bastarden erfolgt zur
- Aufdeckung des Genotyps,
- Herabsetzung der Genotypenzahl oder zur
- Auslese einer gewünschten Merkmalskombination.

13 Phänotyp der P-Generation: schwarz-gescheckt × braun-ganzfarbig
Genotyp der P-Generation: AA bb × aa BB
Keimzellen: Ab Ab aB aB

Keimzellen	Ab	Ab
aB	AaBb	AaBb
aB	AaBb	AaBb

Genotyp der F_1-Generation: AaBb
Phänotyp der F_1-Generation: schwarz-ganzfarbig

Phänotyp der F_1-Generation: schwarz-ganzfarbig × schwarz-ganzfarbig
Genotyp der F_1-Generation: Aa Bb × Aa Bb
Keimzellen: AB, Ab, aB, ab AB, Ab, aB, ab

Keimzellen	AB	Ab	aB	ab
AB	AABB	AABb	AaBB	AaBb
Ab	AABb	AAbb	AaBb	Aabb
aB	AaBB	AaBb	aaBB	aaBb
ab	AaBb	Aabb	aaBb	aabb

Genotypen der F_2-Generation:
AABB AABb AaBB AaBb AAbb Aabb aaBB aaBb aabb

Phänotypen der F_2-Generation:

schwarz-ganzfarbig	: schwarz-gescheckt	: braun-ganzfarbig	: braun-gescheckt
9	: 3	: 3	: 1

14 Phänotyp der P-Generation: langhaarig/braun (homozygot) × langhaarig/weiß (?)

Da über die Homo- oder Heterozygotie des Männchens bezüglich der Haarlänge in der Aufgabenstellung nichts ausgesagt wird, sind zwei verschiedene Genotypen möglich:

Genotyp der P-Generation: AA BB × AA bb oder Aa bb

Deshalb sind auch zwei verschiedene Ausgänge der Kreuzung möglich, die sich zwar nicht im Phäno- aber im Genotyp unterscheiden:

1. Männchen homozygot:
   Genotyp der P-Generation: AA BB × AA bb
   Keimzellen: AB AB Ab Ab

Keimzellen	AB	AB
Ab	AABb	AABb
Ab	AABb	AABb

   Genotyp der F_1-Generation: AABb
   Phänotyp der F_1-Generation: langhaarig/braun

2. Männchen heterozygot:
   Genotyp der P-Generation: AA BB × Aa bb
   Keimzellen: AB AB Ab ab

Keimzellen	AB	AB
Ab	AABb	AABb
ab	AaBb	AaBb

   Genotyp der F_1-Generation: AABb, AaBb
   1 : 1
   Phänotyp der F_1-Generation: langhaarig/braun

   Es entstehen ebenfalls nur langhaarige/braune Kaninchen, die alle heterozygot bezüglich der Fellfärbung sind. Bezüglich der Haarlänge sind sie aber homo- und heterozygot im Verhältnis 1 : 1. (Laut der 1. mendelschen Regel treten die rezessiven Merkmale in der F_1-Generation nicht auf.)

15 a Da in der F_1-Generation alle vier Merkmale kombiniert sind, muss es sich bei diesem Fall um die Rückkreuzung eines dihybriden dominant-rezessiven Erbganges handeln.
Damit muss ein Elternteil homozygot-rezessiv, der andere heterozygot-dominant sein, z. B.

	Weibchen:		Männchen:
	weiß/rauhaarig	×	schwarz/glatthaarig
	(homozygot rezessiv)		(heterozygot dominant)
Genotyp:	aa bb	×	Aa Bb
Keimzellen:	ab		AB, Ab, aB, ab

Keimzellen	AB	Ab	aB	ab
ab	AaBb	Aabb	aaBb	aabb

Genotyp der F_1-Generation:	AaBb	Aabb	aaBb	aabb
Phänotyp der F_1-Generation:	schwarz/ glatt	schwarz/ rau	weiß/ glatt	weiß/ rau
	1 :	1 :	1 :	1

Gleiche Ergebnisse erhält man auch, mit der Annahme, dass

1. das Männchen (schwarz/glatthaarig) homozygot rezessiv (aabb) und das Weibchen (weiß/rauhaarig) heterozygot dominant (AaBb) ist.
2. schwarz dominant über weiß und rau dominant über glatthaarig ist; also jeder Elternteil in einem Merkmal homozygot-rezessiv, im anderen heterozygot-dominant ist:

Weibchen:	Männchen:		
	weiß/rauhaarig	×	schwarz/glatthaarig
Genotyp:	aa Bb	×	Aa bb
Keimzellen:	aB ab		Ab ab

Keimzellen	Ab	ab
aB	AaBb	aaBb
ab	Aabb	aabb

b Das theoretische Zahlenverhältnis 1 : 1 : 1 : 1 im Phänotyp ist immer dann zu erwarten, wenn die Faktoren (Haarfarbe, Haarform) auf verschiedenen Chromosomen liegen (nicht gekoppelte Gene). Dann gilt die 3. mendelsche Regel von der Unabhängigkeit der Erbanlagen bzw. der Neukombination der Gene. Allerdings ist es rein zufällig, dass bei den vier Jungen auch die vier theoretisch möglichen Phänotypen auftreten. Normalerweise tritt das Zahlenverhältnis nur bei sehr großer Nachkommenzahl auf.

16 a Bei dem zugrunde liegenden dihybriden Erbgang ist Anthocyanfärbung dominant, Anthocyanfreiheit (weiß) rezessiv. Eines der Gene bestimmt die Blütenblätter-Färbung (A), das andere die Blütenschlund-Färbung (B).
Rasse 1: Genotyp AAbb
Rasse 2: Genotyp aaBB

b Mögliche reinerbige Neukombinationen in der F_2-Generation wären damit AABB und aabb, wobei die letztere wegen völliger Anthocyanfreiheit an ihrer komplett weißen Blüte erkennbar ist (doppelt rezessive Form).

Genotyp der P-Generation:	AAbb	×	aaBB
Keimzellen:	Ab		aB
Genotyp der F_1-Generation:	AaBb		
Phänotyp der F_1-Generation:	Blütenblätter und -schlund gefärbt		
Genotyp der F_1-Generation:	AaBb	×	AaBb
Keimzellen:	AB, Ab, aB, ab		AB, Ab, aB, ab

Keimzellen	AB	Ab	aB	ab
AB	AABB	AABb	AaBB	AaBb
Ab	AABb	AAbb	AaBb	Aabb
aB	AaBB	AaBb	aaBB	aaBb
ab	AaBb	Aabb	aaBb	aabb

neue reinerbige Genotypen der F_2-Generation: AABB, aabb

Von den reinerbigen Nachkommen in der F_2-Generation haben zwei den Genotyp der Eltern (AAbb, aaBB). Die beiden anderen sind die o. a. Neukombinationen (Rekombinationen).

17 Die Gene für Körperfarbe und Flügellänge werden zusammen vererbt (Genkopplung). Damit ist keine freie Durchmischung der Anlagen möglich (Ausnahme von der 3. mendelschen Regel).
In diesem Fall werden die Allele für schwarze Körperfarbe (g) und kurze Flügel (f) beziehungsweise für graue Körperfarbe (G) und normale Flügel (F) zusammen vererbt:
Weibchen: grau/normalflügelig, Genotyp GG FF (Keimzellen GF)
Männchen: schwarz/kurzflügelig, Genotyp gg ff (Keimzellen gf)
Damit sind alle Nachkommen der F_1 heterozygot grau/normalflügelig (Genotyp Gg Ff) und bilden aufgrund der Genkopplung nur zwei Sorten Keimzellen (GF, gf).
Die Rückkreuzung mit dem rezessiven Elternteil (gg ff) ergibt in der F_2-Generation demnach 50 % grau/normalflügelige, heterozygote Individuen (GgFf) und 50 % schwarz/kurzflügelige, homozygot-rezessive Individuen (ggff).
Die Abweichung von dem statistisch zu erwartenden Ergebnis ist durch Crossing-over während der Meiose zu erklären (Entkopplung der Gene): Durch Genaustausch zwischen homologen Chromosomen entstehen je 8 % der „neuen“ Kombinationen grau/kurzflügelig (gg FF oder gg Ff) und schwarz/normalflügelig (GG ff oder Gg ff).

18 **a** Die Chromosomentheorie der Vererbung parallelisierte die Begriffe „Chromosom“ und „Erbfaktor“ (Erbanlage oder Gen).

b Nach heutiger Kenntnis enthält ein Chromosom eine Vielzahl selbstständiger Erbfaktoren oder Gene, die normalerweise gekoppelt vererbt werden. In der Meiose ist aber eine Genentkopplung durch Crossing-over möglich.

19 **a** Es erfolgt eine Antigen-Antikörper-Reaktion, bei der die Antikörper im Serum die Antigene der Erythrozyten durch ihre zwei Bindungsstellen vernetzen und so zu einem Verklumpung (Agglutination) führen.

b Die Unverträglichkeitsreaktion ist nur dann nicht zu erwarten, wenn die Blutgruppen von Spender und Empfänger übereinstimmen, da dann gegen die Antigene keine Antikörper vorhanden sind.

c Der Aufwand der Kreuzprobe ist notwendig, um auch Unverträglichkeitsreaktionen durch Antikörper im Serum zu erkennen.

- Majorprobe: Antikörper im Serum des Empfängers können die Spendererythrozyten verklumpen.
- Minorprobe: Auch Antikörper im Spenderblut können die Erythrozyten des Empfängers verkleben. Wenn z. B. der Spender Blutgruppe 0 und der Empfänger A, B oder AB hat, erfolgt Agglutination, bis alle Antikörper des Spenderserums gebunden sind. (Dies ist im Notfall jedoch ein kalkulierbares Risiko, da im Spenderserum nicht lebensbedrohlich viele Antikörper vorhanden sein werden.)
- Kontrolle: Dieser Versuch soll einer Verwechslung der Proben im Test vorbeugen.

20

Mögliche Genotypen der Eltern:	Mögliche Genotypen der Kinder:
• Paar 1: AB und 00	A0, B0
• Paar 2: AA und AA/A0 und AA/A0 und A0	AA, A0, 00
• Paar 3: 00 und 00	00
• Paar 4: AB und BB/AB und B0	A0, AB, B0, BB

Die Zuordnung erfolgt durch Ausschlussverfahren in folgender Reihenfolge:

- Das Kind mit der Blutgruppe AB (Genotyp AB) muss Elternpaar 4 zugeordnet werden.
- Dann kann das Kind mit der Blutgruppe B (Genotypen B0) nur den Eltern 1 zugewiesen werden.

- Das Kind mit der Blutgruppe A (Genotypen A0/AA) gehört zu den Eltern 2.
- Für das Kind mit der Blutgruppe 0 (Genotyp 00) bleibt dann nur das Elternpaar 3.

21 a Merkmale des Down-Syndroms siehe S. 28

b Die Trisomie 21 entsteht durch eine Nondisjunction in der ersten oder zweiten Reifeteilung der Meiose. Dadurch ist das Chromosom in einer Keimzelle (zumeist einer Eizelle) doppelt vorhanden, d. h. seine Anzahl ist nicht wie das der anderen Chromosomen reduziert worden. Nach Befruchtung mit einer „normalen" 2. Keimzelle ist das Chromosom nun in der Zygote 3fach vorhanden.

c Eine Frau mit Down-Syndrom könnte von erbgesunden Männern mit einer Wahrscheinlichkeit von 50 % geno- und phänotypisch gesunde Kinder zur Welt bringen, da bei normal ablaufender Reduktionsteilung die drei Chromosomen 21 im Verhältnis 2 : 1 verteilt werden.

22 Da die (freie) Trisomie 21 keine Erbkrankheit im eigentlichen Sinne ist, die genetisch in der Familie begründet ist und weitergeben wird, ermöglicht das einmalige Auftreten der Krankheit keine Voraussagen in Bezug auf die weiteren Kinder. Allerdings steigt das Risiko einer Nondisjunction in der Meiose mit dem Alter der Mutter. Es ist also sehr wohl möglich, dass auch das nächste Kind mit Trisomie 21 auf die Welt kommt. Eine pränatale Diagnose würde hier Aufschluss geben.

23 a Diese Abweichung von der normalen Chromosomenzahl nennt man Klinefelter-Syndrom (Karyotyp 49, XXXXY).

b Entstanden ist die gonosomale Chromosomenzahlaberration durch 2-fache Nondisjunction bei der Eizellenreifung. Die beiden X-Chromosomen bei der Reduktionsteilung bzw. alle Chromatiden bei der Äquationsteilung bleiben damit in der Eizelle. Verschmilzt eine solche Eizelle mit 4 X-Chromosomen in der Befruchtung mit dem Kern einer Y-Samenzelle, so ergibt sich der Karyotyp 49, XXXXY.

In der Skizze sind nur die Gonosomen dargestellt:

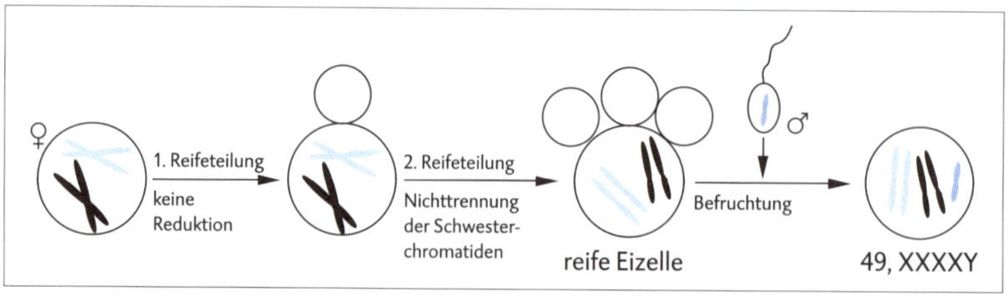

24 Eine Turner Frau besitzt die Geschlechtschromosomen X0 (Karyotyp 45, X0).
Es gibt drei mögliche Wege zur Entstehung dieser gonosomalen Chromosomenzahlaberration:

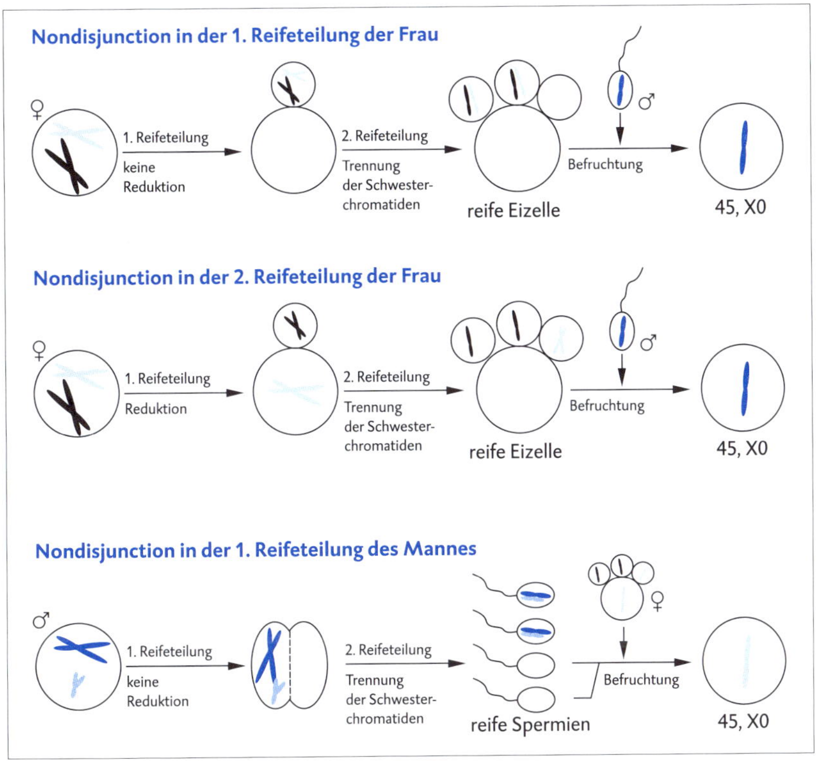

25 Eine Spermazelle mit zwei X-(Einchromatid)-Chromosomen entsteht (neben einer Spermazelle ohne X-Chromatide) bei Nondisjunction der Chromatiden während der Äquationsteilung. Dasselbe gilt für die Nichttrennung des Y-Chromatidenpaares während der Äquationsteilung.
Spermazellen mit XX und YY können aber auch bei Nondisjunction in der Reduktionsteilung entstehen, indem sich X- und Y-Chromosom nicht voneinander trennen und in der Äquationsteilung aufgeteilt werden (die beiden Chromatiden aber jeweils zusammenbleiben).

26 a Stammbaum:

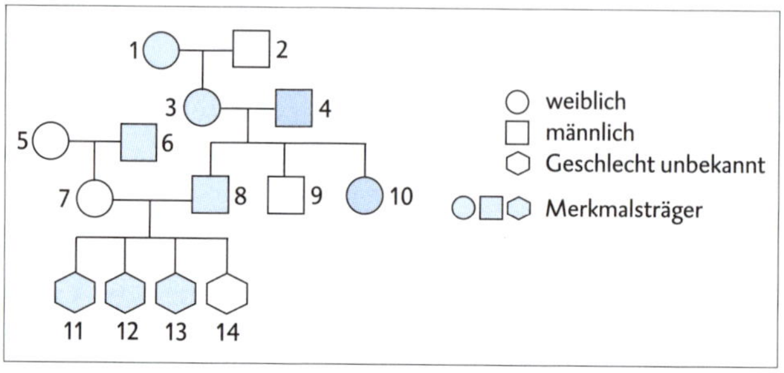

b Brachydaktylie wird autosomal-dominant vererbt, denn zwei erkrankte Eltern (3, 4) haben ein gesundes Kind (9) und die Vererbung erfolgt offensichtlich geschlechtsunabhängig (erkrankter Vater 6 hat eine gesunde Tochter 7).
Genotypen aller Personen:
1, 3, 4, 6, 8, 11, 12, 13: Aa
2, 5, 7, 9, 14: aa
10: AA

c Die theoretische Wahrscheinlichkeit entsprechend einer „Rückkreuzung" (heterozygoter Genotyp mit homozygot-rezessivem Genotyp) wäre Aa : aa = 1 : 1. Die tatsächlich beobachtete Häufigkeit der Anomalie (hier 3 : 1) weicht deutlich davon ab. Dies ist aber kein Argument gegen die vermuteten Genotypen, da die Vererbungsregeln statistischen Charakter haben und nur bei großen Zahlen gelten.

d Alle Kinder wären gesund, da bei dominanten Leiden jeder heterozygote Genträger auch Merkmalsträger ist, der Bruder aber als „gesund" bezeichnet wird und daher homozygot rezessiv sein muss.

27 a Autosomal-rezessiver Erbgang, da das Paar 11, 12 phänotypisch gesund ist und die Kinder (16, 17) Merkmalsträger sind. Das Merkmal muss also rezessiv sein, d. h. bei den Eltern „zurücktretend".

b Zuordnung der Genotypen zu den Personen:
1, 3, 5, 6, 10, 16, 17: aa
2, 4, 11, 12: Aa
7, 8, 9, 13, 14, 15: AA oder Aa (wenn 7 AA ist, muss 8 Aa sein und umgekehrt, es können auch beide den Genotyp Aa haben)

c Sind beide Eltern bezüglich eines rezessiven Merkmals heterozygot, so tritt die Krankheit statistisch bei einem Viertel der Nachkommen auf. Dass zwei Kinder krank sind, tritt somit mit einer Wahrscheinlichkeit von $\frac{1}{4} \cdot \frac{1}{4} = \frac{1}{16} = 0{,}0625 \mathrel{\hat{=}} 6{,}25\,\%$ auf.

28 a Es handelt sich um ein autosomal-rezessives Erbleiden:
- rezessive Vererbung: Aus der Ehe der phänotypisch gesunden Frau (3) mit einem ebenfalls phänotypisch gesunden Mann geht ein krankes Kind hervor. Das Ehepaar ist mischerbig (Aa), das Kind (4) reinerbig rezessiv (aa).
- autosomaler Erbgang: Aus der Ehe der phänotypisch gesunden Frau (2) und ihrem gesunden Mann geht eine kranke Tochter hervor. Bei einem gonosomalen Erbgang wäre nur ein kranker Sohn möglich.

Genotypen: 1: AA oder Aa; 2: Aa; 3: Aa; 4: aa

b Der genetische Defekt bewirkt einen Enzymmangel: Phenylalanin kann nicht in Tyrosin umgewandelt werden. Es kommt zu Phenylalaninüberschuss und Tyrosinmangel; die Folgen davon sind ein verändertes Zellmilieu, die Veränderung des Nervengewebes und Schwachsinn. Phenylalanin wird teilweise in Phenylbrenztraubensäure umgewandelt und im Harn ausgeschieden.

c Wird der Defekt am Neugeborenen 4 festgestellt (Nachweis des Phenylalaninüberschusses im Blut), erhält es bis zum Alter von 10 Jahren eine phenylalaninarme Diät. Danach ist das Gehirn ausgereift und keine Schädigung mehr zu erwarten.

29 Bei einem Stoffwechselblock wird Produkt A nicht in Produkt B umgewandelt. Daraus ergeben sich zwei grundsätzliche Folgen:
- Produkt A häuft sich an (Bsp.: Phenylalanin bei Phenylketonurie)
- Produkt B wird nicht hergestellt (Bsp.: kein Farbstoff bei Albinismus).

30 Bei phänotypisch gesunden Heterozygoten liegt ein intaktes neben einem defekten, rezessiven Allel vor. Nur die Information des intakten Allels kann ordnungsgemäß realisiert werden. Im Fall der Herstellung eines Enzyms wird also nur die halbe Menge produziert – damit besteht auch nur die halbe Wirksamkeit. In einem speziell gestalteten Test kann die Menge des zur Verfügung stehenden Enzyms bestimmt und damit der Genotyp der Testperson ermittelt werden.

31 Die Häufigkeit von Genen wird durch Mutation und Selektion bestimmt. Homozygote Träger des Sichelzellgens sterben vor Erreichung des fortpflanzungsfähigen Alters. Eine Anhäufung des Hb-S-Gens erfolgt nur, wenn die Heterozygoten gegenüber den homozygot Gesunden einen Überlebensvorteil haben. Dies gilt für die Resistenz gegenüber dem Erreger der Malaria. Das häufige Auftreten des Hb-S-Gens bei amerikanischen

Farbigen beruht auf deren afrikanischer Vergangenheit, in der die Malariaresistenz eine große Rolle gespielt hat.

32 Mann und Frau unterscheiden sich in den Geschlechtschromosomen.
Das X-Chromosom hat beim Mann kein echtes Homologes – die Zygote ist bezüglich der auf dem X-Chromsom liegenden Gene nur „halb" bestückt (Hemizygotie). Ein defektes X-Allel kann daher nicht kompensiert werden. Für die Gene auf dem X-Chromsom bei einen Mann gilt daher Genotyp = Phänotyp.
Die Frau hat zwei X-Chromosomen – ein defektes Allel wird im Phänotyp durch das gesunde kompensiert. Da sie aber das defekte Allel auf die Nachkommen weitergeben kann, ist sie Überträgerin des Merkmals (Konduktorin).

33 Rotgrünblindheit wird X-chromosomal rezessiv vererbt.
- a Das Mädchen hat ein X-Chromosom von der Mutter, das andere vom Vater. Deshalb muss der Vater, der nur ein X-Chromsom besitzt, rotgrünblind sein (Genotyp X_aY). Die Mutter muss entweder Konduktorin (X_AX_a) oder ebenfalls rotgrünblind (X_aX_a) sein.
- b Der Junge hat das einzige X-Chromosom von der Mutter. Die Mutter kann in diesem Fall entweder Konduktorin (X_AX_a) oder ebenfalls rotgrünblind (X_aX_a) sein. Der Genotyp des Vaters ist in diesem Fall unerheblich.

34 a Bluterkrankheit und Rotgrünblindheit werden beide X-chromosomal rezessiv vererbt. Da die Nachkommen Söhne sind, haben sie die Krankheiten auf jeden Fall von der Mutter geerbt. Sie ist phänotypisch gesund und daher nur Konduktorin, d. h. heterozygote Überträgerin der rezessiven defekten Allele.
Bei der Mutter sind zwei Genkonstellationen möglich:
Fall I: Die defekten Allele für Bluter (a) und Rotgrünblindheit (b) sind auf verschiedenen X-Chromosomen (Genotyp $X_{Ab}X_{aB}$).
Fall II: Die defekten Allele sind auf dem gleichen X-Chromosom (Genotyp $X_{AB}X_{ab}$).
Da der Vater phänotypisch gesund ist, muss sein Genotyp $X_{AB}Y$ lauten.
- b In beiden o. g. Fällen ist das Auftreten der vier Phänotypen auf Genkopplung bzw. Genentkopplung im Tetradenstadium der Meiose (Crossing-over) zurückzuführen.
gesunder Sohn: Genotyp $X_{AB}Y$
Bluter: Genotyp $X_{aB}Y$

rotgrünblind: Genotyp $X_{Ab}Y$
Bluter, rotgrünblind: Genotyp $X_{ab}Y$

Schematische Darstellung der Keimzellenbildung der Mutter (Fall I):

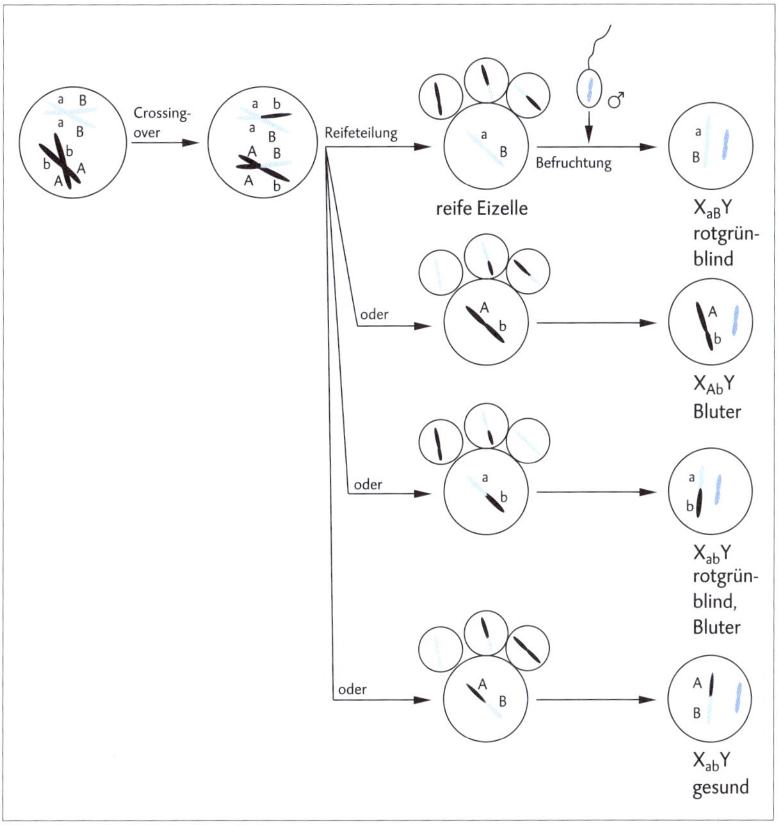

35 a Alle Wahrscheinlichkeitsvoraussagen leiten sich von den mendelschen Regeln ab und können somit durch Kombinationsquadrate belegt werden. Für jedes Kind eines Elternpaares besteht die angegebene (gleiche) Wahrscheinlichkeit der Erkrankung.

Bei einem autosomal-dominanten Erbleiden, das sich sowohl im hetero- als auch im homozygoten Zustand phänotypisch durchsetzt, ergibt sich die Wahrscheinlichkeit wie folgt:

- Ist der erkrankte Partner homozygot (AA), ergibt sich nach der 1. mendelschen Regel eine Wahrscheinlichkeit von 100 % für kranke Nachkommen (uniformer Phänotyp der F_1).

- Bei Heterozygotie (Aa) des erkrankten Partners ist die Wahrscheinlichkeit für das Auftreten der Krankheit bei den Kindern 50 % (entspricht der 1 : 1-Verteilung einer Rückkreuzung).

Bei einer autosomal-rezessiven Erbkrankheit ergibt sich bei zwei heterozygoten Überträgern nach der 2. mendelschen Regel die Aufspaltung der Phänotypen, sodass ¼ = 25 % der Nachkommen statistisch homozygot rezessiv, also in diesem Fall erkrankt, sein werden.

b Abweichungen findet man insbesondere im autosomal-dominanten Erbgang aufgrund unterschiedlicher Penetranz (Durchschlagskraft eines Gens) und Expressivität (Grad der phänotypischen Ausprägung).
Auch Umwelteinflüsse (Ernährung, Pflege, Förderung) sind verantwortlich für Abweichungen.
Daneben müssen auch Spontanmutationen, Rekombinationsereignisse und der Zufall bei der Befruchtung in Betracht gezogen werden.

36 a 1 : 1
b artspezifisch unterschiedlich
c entspricht artspezifisch der Umkehrung des Verhältnisses aus b
d 1 : 1

37 Lösung s. Abb. 15, S. 52

38 Die RNA enthält anstelle der Base Thymin die Base Uracil.
Die RNA enthält anstelle des Zuckers Desoxyribose den Zucker Ribose.
Die RNA liegt meist einsträngig vor, die RNA-Stränge sind kürzer.

39 Der Doppelfaden der DNA enthält (wenn auch komplementär) die gleiche Information zweifach. Auf diese Weise ist gesichert, dass ein Fehler in der genetischen Information wieder repariert werden kann. Durch komplementäre Basenpaarung wird auf einfache Weise eine identische Replikation der DNA ermöglicht. Die wichtige Funktion der DNA, die Erbinformationen unverändert zu speichern und weiterzugeben, ist somit besser gewährleistet als in einem einzelsträngigen Molekül.

40 a Semikonservative Replikation der DNA:
1 Öffnung des Doppelstranges durch Enzymeinwirkung (Helicase)
2 Anlagerung komplementärer Nukleotide an die freien Basen beider Stränge
3 Verbindung der Nukleotide zum komplementären Strang durch die DNA-Polymerase (am Folgestrang auch mithilfe der Ligase)

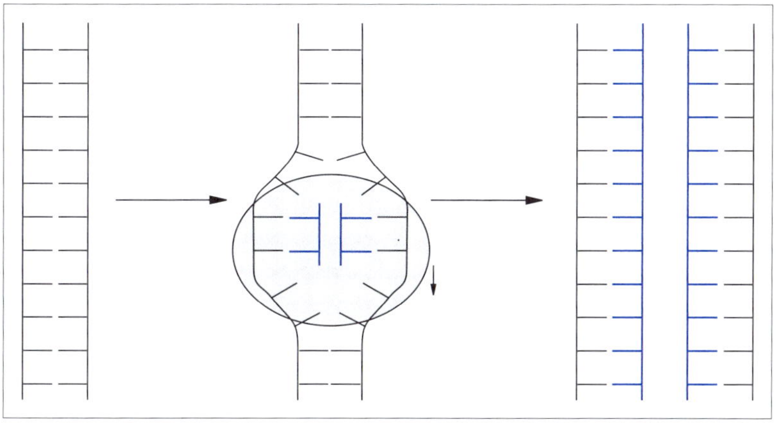

Auf diese Weise sind zwei „gemischte“ DNA-Doppelstränge entstanden, die jeweils aus einem „alten“ und einem „neuen“ Einzelstrang zusammengesetzt sind.

b DNA ohne gefärbte Basen wird man erst in der zweiten Folgegeneration finden.
Schematische Darstellung:

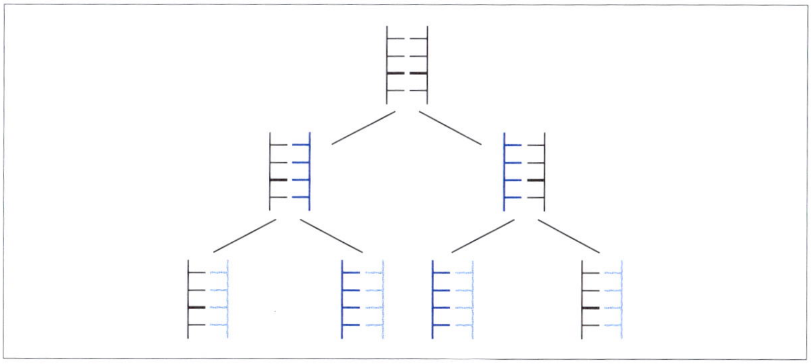

41
- Primärstruktur: Abfolge der kleinsten funktionellen Einheiten (Monomere). Bei der DNA sind diese die Nukleotide (bestehend aus Phosphat, Desoxyribose und einer organischen Base), bei Proteinen die Aminosäuren (verknüpft durch Peptidbindungen).
- Sekundärstruktur: räumlicher Aufbau durch intramolekulare Verknüpfung der Monomer-Ketten. Die DNA liegt als Doppelstrang vor („Strickleiter“, deren Holme die Wasserstoffbrückenbindungen zwischen den Basen bilden). Bei Proteinen gibt es die Protein Faltblatt- bzw. Helixstruktur (beide stabilisiert durch Wasserstoffbrückenbindungen zwischen den Peptidbindungen)

- Tertiärstruktur: übergeordnete räumliche Struktur des Gesamtmoleküls, als Konformation bezeichnet. Die Doppelstränge der DNA bilden eine Doppelhelix; Proteine können verschiedene Formen annehmen: Faserproteine mit fibrillärer (langgestreckter) Struktur, z. B. Keratin im Haar, Fibroin in der Seidenfaser; Kugelproteine mit globulärer (runder) Struktur, z. B. Hämoglobin, Myoglobin, viele Enzyme.
- Quartärstruktur: nur bei Proteinen, wobei funktionelle Einheiten zu Komplexen zusammentreten; Beispiel: Hämoglobin-Komplex aus vier Untereinheiten.

42 RNA tritt in drei Funktionsformen auf:

- m(essenger-)RNA: Überträger der DNA-Information zu den Orten der Proteinsynthese, den Ribosomen.
- r(ibosomale) RNA: Bildung der funktionellen Struktur der Ribosomen (zusammen mit Proteinen).
- t(ransfer-)RNA: Bindung und Transport spezifischer Aminosäuren zu den Ribosomen.

43 a Die Proteinbiosynthese gliedert sich in zwei Abschnitte:

- Transkription: Diese Überschreibung der DNA-Information in die mRNA-Information erfolgt durch komplementäre Basenpaarung an nur einem der beiden Schwesterstränge (codogener Strang).
- Translation: Übersetzung der Erbinformation der Nukleinsäuren in eine Aminosäure-Abfolge. Die Synthese des Proteins erfolgt im Ribosom (Paarung des passenden Anticodons der mit einer Aminosäure beladenen tRNA mit dem Codon der mRNA und damit richtige Verknüpfung der Aminosäuren).

b Der Austausch eines Nukleotids kann zur Folge haben:

- keine Auswirkung, da degenerierter Code.
- Kettenabbruch bei der Proteinbiosynthese im Ribosom, wenn ein Stoppcodon entsteht. Das Ergebnis ist – je nachdem, nach welcher Länge der Kette der Abbruch erfolgt – meist ein unwirksames Enzym.
- Verminderung der Enzymaktivität je nach Art und Position der geänderten Aminosäure. Wird z. B. an einer kritischen Stelle eine Aminosäure mit unpolarem Rest gegen eine hydrophile Aminosäure ausgetauscht, so kann sich die gesamte Raumstruktur des Enzyms ändern.

44 a Siehe S. 59

b Der angegebenen Basensequenz des codogenen Strangs entspricht folgende Sequenz der mRNA (antiparallel und komplementär):
DNA 3' ACA AAA CTG AGG GCT TCT ATT 5'
mRNA 5' UGU UUU GAC UCC CGA AGA UAA 3'

Entsprechend der Code-Sonne ergibt sich folgende Aminosäure-Sequenz:
Cys – Phe – Asp – Ser – Arg – Arg – *Stopp*

c Die Basensequenz der mRNA lautet nun, da entsprechend der komplementären Basenpaarung der Base Thymin die Base Adenin entspricht:
DNA 3' TAC AAA ACT GAG GGC TTC TAT T 5'
mRNA 5' AUG UUU UGA CUC CCG AAG AUA A 3'

Daraus ergibt sich folgende Aminosäure-Sequenz:
Met – Phe – *Stopp*
Diese Basensequenzänderung würde zu einem verkürzten Polypeptid führen.

45 a Eine Punktmutation ist eine Genmutation, bei der nur ein einziges Basenpaar verändert wird.

b Sichelzellanämie: Durch den Austausch einer einzigen Base wird anstelle der Aminosäure Glutamin die Aminosäure Valin in das Hämoglobinmolekül eingebaut.

46 Threonin wird durch die Tripletts ACG, ACC, ACA und ACU der mRNA codiert. Methionin durch das Triplett AUG. Da sich nur die eine Aminosäure innerhalb des Enzyms Glucokinase verändert (nicht aber das Ableseraster ab der Mutationsstelle), ist die wahrscheinlichste Mutation ein Basenaustausch: Threonin wurde im codogenen Strang der DNA ursprünglich vermutlich durch das Triplett CGT (komplementär und antiparallel zum Codon ACG der mRNA) codiert. Durch einen Basenaustausch von G zu A entstand das Triplett CAT, das in der mRNA das Codon AUG und im Protein die Aminosäure Methionin ergibt.

47 a

Aminosäure-Sequenz:	Phe –	His –	Met –	Ala –	Leu –	Gly –
Basensequenz der mRNA:	UUU	CAU	AUG	GCG	CUA	GGG
oder:	UUC	CAC		GCA	CUU	GGU
oder:				GCC	CUG	GGC
oder:				GCU	CUC	GGA
oder:					UUA	
oder:					UUG	

b veränderte

Aminosäure-Sequenz:	Phe –	Leu –	Trp –	Arg –	Ile –	Gly –
Basensequenz der						
mRNA:	UUU	CUA	UGG	CGC	AUA	GGG
oder:	UUC	CUU		CGU	AUU	GGU
oder:		CUG		CGG	AUC	GGC
oder:		CUC		CGA		GGA
oder:		UUA		AGA		
oder:		UUG		AGG		

c Das 2. Nukleotid des 2. Tripletts (mit Base A) ging verloren, vor dem ersten Nukleotid des vorletzten Tripletts wurde ein Adenin-Nukleotid eingefügt.

d Das rechte Ende der Aminosäure-Sequenz entspricht dem 3'-Ende der mRNA und damit dem 5'-Ende des codogenen Abschnittes.

48 falsch: a, c, d (nur b ist richtig)

49 Die Aminosäure-Sequenz oder Primärstruktur bedingt die Sekundär- und Tertiärstruktur: Durch Wasserstoffbrücken, die von den Peptidbindungen ausgehen, wird die Sekundärstruktur aufrechterhalten; die Aminosäure-Reste ermöglichen die Bindungen, die die Tertiärstruktur stabilisieren.

50 Eine Genmutation in einer somatischen Zelle kann zur Bildung eines bösartigen Tumors führen. Vielfach sterben solche Zellen aber auch ab und es zeigt sich keine äußerliche Wirkung. Ist eine Keimzelle von einer Genmutation betroffen, so tritt diese Mutation bei den Nachkommen auf, vorausgesetzt, diese Keimzelle kommt auch zur Befruchtung. Ist die Urkeimzelle von einer Genmutation betroffen, werden alle sich daraus entwickelnden Keimzellen diese Mutation tragen. Mit jeder Keimzelle, die zur Befruchtung kommt, wird diese Mutation an die Nachkommen weitergegeben. Am folgenschwersten ist daher eine Genmutation in einer Urkeimzelle.

51 Die Ozonschicht stellt einen Filter für die energiereichen UV-Strahlen dar. UV-Strahlen wirken mutagen, d. h. sie können die Erbinformation verändern, z. B. durch Dimerisierung von Thyminbasen. Krebszellen entstehen sehr wahrscheinlich durch Veränderung des genetischen Materials. Mehr UV-Strahlen bedingen mehr DNA-Veränderungen und erhöhen dadurch die Wahrscheinlichkeit der Entstehung von Krebszellen.

52 Ein Enzym besteht aus einigen hundert Aminosäuren. Wird das 4. Nukleotid herausgebrochen, ändert sich ab der 2. Aminosäure die gesamte Sequenz der folgenden Aminosäuren. Die Folge ist eine totale Veränderung der Tertiärstruktur dieses Enzyms. Wird die 4. Base ausgetauscht, wird nur die 2. Aminosäure dieses Enzyms verändert. Dies bedingt keine oder nur eine geringe Änderung der Tertiärstruktur und damit keine oder nur eine geringe Veränderung der Wirksamkeit dieses Enzyms.

53 Restriktionsenzyme haben die Aufgabe, die DNA der Spenderzellen in kleine DNA-Abschnitte zu zerlegen, die dann in die Empfängerzelle übertragen werden können. Die DNA wird durch das Enzym an einer spezifischen Erkennungssequenz geschnitten, sodass die Enden von Spender- und Empfänger-DNA anschließend verlustfrei von der Ligase wieder verbunden werden können.

54
- Ein geeignetes Plasmid (kleines, zusätzliches, ringförmiges DNA-Molekül in der Bakterienzelle) wird gesucht und isoliert.
- Ein Restriktionsenzym schneidet das Plasmid an einer bestimmten Stelle auf.
- Aus der DNA wird mit demselben Restriktionsenzym ein Stück mit dem gewünschten Gen herausgeschnitten.
- Das herausgeschnittene DNA-Stück wird in das Plasmid eingebaut und mittels Enzymen (Ligase) verbunden. Das Plasmid besitzt jetzt zusätzlich das Fremd-Gen (rekombinante DNA). Ein solches Plasmid wird als Hybridplasmid bezeichnet und dient als Vektor (Genfähre).
- Das Plasmid wird in eine Bakterienzelle übertragen (Transformation).
- Die genetisch veränderten Bakterienzellen werden kloniert (identisch vervielfacht). Sie realisieren nun die Erbinformation des Plasmids (Genexpression).

55 Gentechnische Methoden werden schon heute vor allem bei der Herstellung von Medikamenten angewendet, z. B. bei der Erzeugung von Insulin (Hormon der Bauchspeicheldrüse, das den Blutzuckerspiegel regelt).

56 Mithilfe der Gentechnik können „genetische Fingerabdrücke" hergestellt werden, die für jeden Menschen (mit Ausnahme von eineiigen Zwillingen) unterschiedlich sind. Blut- oder Spermaproben enthalten immer auch Zellkerne mit DNA. Die DNA wird mit speziellen Restriktionsenzymen versetzt. Die Restriktionsenzyme spalten die DNA einer Person immer in dasselbe Gemisch von unterschiedlich langen DNA-Fragmenten. Das

Fragmentlängen-Bandenmuster der DNA eines Menschen ist daher immer gleich und kann zur Identifizierung von Verbrechern benutzt werden.

57 Das Ti-Plasmid (tumorinduzierendes Plasmid) stammt aus *Agrobacterium tumefaciens*. Bakterien mit Ti-Plasmid lösen am Wurzelhals einer Pflanze Tumorbildung aus. Die tumorinduzierenden Gene werden gegen Fremd-DNA und Marker-Gene ausgetauscht. Das Ti-Plasmid dient somit als Vektor zur Übertragung pflanzlicher Gene:

- Herstellung des Hybridplasmids aus *E. coli*-Plasmid durch Einbau des Gens für Herbizidresistenz einschließlich des Promotors zur Transkription in der Pflanzenzelle
  Klonierung (Vermehrung) des Hybridplasmids in *E. coli*
- Einbringen des Hybridplasmids in *A. tumefaciens*, das bereits ein Plasmid zur Ti-Plasmid-Übertragung enthält; Selektion und Klonierung
- Infektion der Pflanzenzellen, die vorher auf Nährböden kultiviert wurden; Selektion auf Antibiotikaresistenz
- Durch eine anschließende Hormonbehandlung regenerieren die Zellen zu ganzen Pflanzen (transgene Pflanzen). An diesen wird die Beständigkeit des Gens getestet.

58 Mögliche Argumente für und gegen die Zulassung gentechnologisch manipulierter Lachse in Aquakulturen:
Pro-Argumente:

- In Zeiten hoher Nachfrage nach Lachs (z. B. zur Weihnachtszeit) kann die Produktion deutlich gesteigert werden. Dadurch kann ein höherer Prozentsatz des Bedarfes aus Aquakulturen gedeckt werden, was im Endeffekt auch die Wildlachsbestände schont.
- Das Wachstumshormon selbst ist nicht gentechnisch manipuliert, sondern identisch mit dem natürlichen Hormon, das man in allen Lachsen dieser Art findet. Da kein „Fremdhormon" eingesetzt wird, besteht kein erhöhtes Risiko für unerwünschte Nebenreaktionen.
- Das Endprodukt, der Fisch, ist in seinen Bestandteilen identisch mit den „normalen" Lachsen. Der Verbraucher wird nicht mit neuen, potenziell gefährlichen Inhaltsstoffen konfrontiert.
- Da die gentechnisch veränderten Lachse steril sind, ist eine Verbreitung in die Meere (auch bei „Ausbruch" aus der Aquakultur) nicht möglich. Es besteht also keine nennenswerte Gefährdung für Gewässer-Ökosysteme.

Contra-Argumente:

- Die gentechnische Manipulation jedes Lebewesens birgt unabsehbare Risiken, da bisher keine Langzeitstudien verfügbar sind.
- Wenn die Lachse aus der Aquakultur in die freie Natur gelangen, können sie dort schwere Schäden anrichten. Aufgrund ihrer größeren Masse und des schnelleren Wachstums können sie den Wildlachsen das Futter wegfressen. Da der Fisch „nur" sterilisiert ist, kann eine Vermehrung in der Wildbahn nicht 100 %ig ausgeschlossen werden. Dies hat nicht nur Einfluss auf den Wildlachsbestand, sondern kann auch Folgen für das gesamte Ökosystem haben.
- Das vermehrte Wachstumshormon und damit das beschleunigte Wachstum der Lachse erzeugt Ungleichgewichte in deren Stoffwechsel. Neben negativen Folgen für den Fisch sind dabei ungewollte chemische Nebenreaktionen möglich. Die Produkte dieser Nebenreaktionen sind im Fisch enthalten, der vom Menschen verzehrt wird.
- Die erhöhten Konzentrationen des Wachstumshormons finden sich in den Produkten. Eine vermehrte Aufnahme durch den Verbraucher erhöht langfristig auch die Rückstände in dessen Organismus, mit unbekannten Folgen.

59 a Chloroplasten findet man nur in (deshalb) grünen Pflanzen. Ebenfalls typisch für eine Pflanzenzelle sind die Zellwand (Stabilisierung) und die Vakuole (Speicherung und Zellturgor).

b Skizze eines Chloroplasten siehe Abb. 32, S. 87

- Chloroplastenmembranen: Abgrenzung, Stofftransport, Abschnürung der Thylakoide
- plastidäre DNA und Ribosomen: Herstellung von Proteinen/Enzymen für die Reaktionen der Fotosynthese
- Thylakoide: Lichtreaktionen der Fotosynthese (Energiebindung)
- Stroma: Dunkelreaktion der Fotosynthese (Fixierung von Kohlenstoffdioxid und Aufbau von Glucose)

60 a

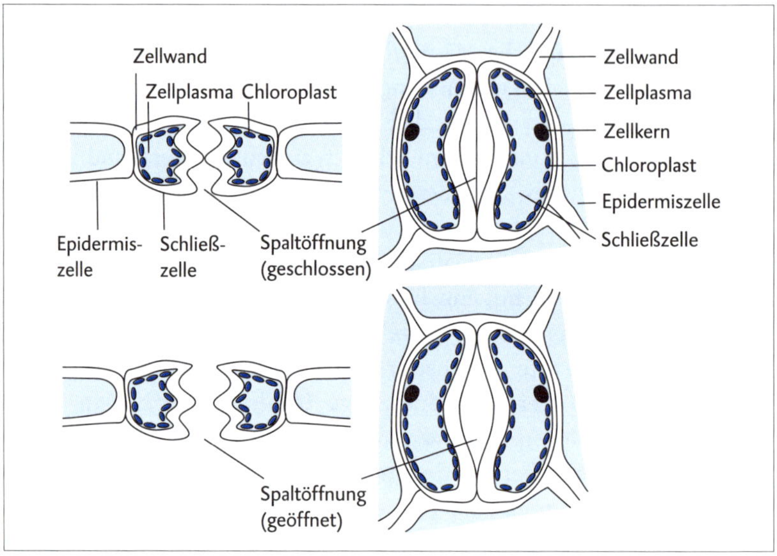

b Aufgaben der Spaltöffnung:

- Gasaustausch (Sauerstoff und Kohlenstoffdioxid) aus/für Fotosynthese und Atmung
- Abgabe von Wasser(dampf) durch Transpiration (Verdunstung) zur Kühlung und als „Motor“ für den Wasser- und damit für den Mineralsalztransport aus den Wurzeln in die Blätter.

c Arbeitsweise der Schließzellen: Durch die ungleich verdickten Zellwände ändert sich bei Turgoränderung die Gestalt der Schließzellen. Dadurch öffnet sich bei Turgorzunahme die Spaltöffnung, bei Turgorabnahme schließt sie sich. Der Turgor (Innendruck der Zelle) ändert sich durch die Wasserversorgung der Pflanze: Bei hohen Temperaturen sinkt der Turgor durch die stärkere Wasserverdunstung und die Spaltöffnungen schließen sich.

61 a $6\,CO_2 + 12\,H_2O \longrightarrow C_6H_{12}O_6 + 6\,O_2 + 6\,H_2O$

b Die Erweiterung der beiden Seiten der Reaktionsgleichung um 6 H_2O ist notwendig, um aufzuzeigen, dass der freigesetzte Sauerstoff nicht aus dem Kohlenstoffdioxid, sondern aus dem Wasser stammt (Fotolyse des Wassers).

62 a Der Einfluss der Temperatur auf die Fotosyntheseleistung ist von der Lichtintensität abhängig. Bei Schwachlicht ist Licht der begrenzende Faktor. Nur im Starklicht ist die Fotosyntheseleistung deutlich von der

Temperatur abhängig. Dieser Zusammenhang zeigt zunächst, dass die Fotosynthese aus zwei voneinander abhängigen Teilschritten besteht: der Lichtreaktion und der enzymatischen Dunkelreaktion. Im Schwachlicht läuft die Lichtreaktion nur langsam ab, es entstehen sehr wenige Produkte der Lichtreaktion, die in der anschließenden Dunkelreaktion weiterverarbeitet werden können. Eine Temperaturänderung kann die Dunkelreaktionen nicht beschleunigen, da die Ausgangsstoffe nicht in ausreichendem Maße nachgeliefert werden können.

Im Starklicht gibt es dagegen genug ATP und $NADH/H^+$ aus der Lichtreaktion, sodass die Enyzme der Dunkelreaktion die Fotosyntheserate bestimmen. Bis zu einer Temperatur von 30 °C steigt im Starklicht die Fotosyntheserate nach der RGT-Regel an: Bei einer Temperaturerhöhung um 10 °C verdoppelt sich die Reaktionsgeschwindigkeit. Oberhalb dieser Temperatur werden aber die temperaturempfindlichen Enzyme der Dunkelreaktion beschädigt, sodass sie Fotosyntheseleistung wieder abnimmt.

b Bei einer Temperatur unter 10 °C laufen die enzymatisch katalysierten Reaktionen der Dunkelreaktion gemäß der RGT-Regel nur langsam ab. Auch ein großes Angebot an Energie (ATP) und Reduktionsäquivalenten ($NADPH/H^+$) kann nicht entsprechend genutzt werden.

Nadelbäume haben auf der nördlichen Halbkugel die Vorherrschaft. Der Sommer ist dort zu kurz, um den Laubbäumen die Jahresassimilation zu ermöglichen. Indem er seine Blätter behält, kann der Nadelbaum an Frühjahrs-, Herbst- und Wintertagen bei Temperaturen über 0 °C – wenn auch langsam – Fotosynthese betreiben und damit Nährstoffe herstellen. Die nötige Frostfestigkeit wird durch die dickwandigen Zellen der Nadeln erreicht.

63
- Ausreichende Bewässerung
- Zugabe der erforderlichen Mineralsalze, z. B. Phosphate, Nitrate, Magnesium- und Eisensalze
- Pflanzenbezogene optimale Lichtstärke und Beleuchtungsdauer
- Optimale Lichtqualität, d. h. sowohl Rot- als auch Blauanteile des sichtbaren Lichts
- Begasung mit Kohlenstoffdioxid bis zu einem Gehalt von 0,2 Vol.-% der Luft
- Temperaturerhöhung – je nach Pflanzenart – bis auf 33 °C (dadurch Steigerung der Fotosyntheserate laut RGT-Regel)

64 Bei der Lichtsammelfalle handelt es sich um ein System von Blattpigmenten (Carotinoide und Chlorophylle), die durch ihre spezielle Anordnung in der Lage sind, dem zentralen Chlorophyll a die Energie der Lichtquanten zuzuführen.

65 Die Elektronen fließen vom Wasser zum $NADP^+$. Treibende Systeme sind die beiden Fotosysteme (P_{680} und P_{700}).
Durch Lichtabsorption angeregt, gibt P_{700} ein Elektron ab, durch das $NADP^+$ zusammen mit den aus dem Wasser freigesetzten Protonen (H^+) zu $NADPH/H^+$ reduziert wird.
Das fehlende Elektron des P_{700} wird vom P_{680} nachgeliefert. Das P_{680} wird ebenfalls durch Lichtabsorption angeregt und gibt ein Elektron an die Elektronentransportkette ab. Beim Transport des Elektrons zu P_{700} wird Energie frei, die zur Bildung von ATP genutzt wird (Fotophosphorylierung). P_{680} entzieht das ihm fehlende Elektron durch Fotolyse dem Wasser.

66 Der Energie bindende Schritt besteht in der Reduktion der Phosphoglycerinsäure (PGS) zu Phosphoglycerinaldehyd (PGA) unter Verbrauch von $NADPH/H^+$ und ATP aus der Lichtreaktion. Damit wird der Kohlenstoff aus dem CO_2 auf die energiereiche Stufe des Kohlenhydrates angehoben. ATP aus der Lichtreaktion wird außerdem bei der Regeneration des CO_2-Akzeptors Ribulosebisphosphat (RubP) aus PGA verbraucht.

67
- Fixierungsphase: 6 Moleküle CO_2 werden an 6 Akzeptor-Moleküle (RubP, C_5-Zucker) gebunden. Die entstehenden 6 C_6-Körper zerfallen sofort in 12 Moleküle PGS (C_3-Körper).
- Reduktionsphase: Unter Verbrauch von ATP und NADH/H+ aus der Lichtreaktion wird PGS zu PGA reduziert. 2 Moleküle PGA verlassen den Kreislauf als Glucose.
- Regenerationsphase: Man spricht von einem Zyklus, da 10 der 12 gebildeten C_3-Einheiten (PGA) verwendet werden, um den CO_2-Akzeptor RubP zurückzubilden ($10 \cdot C_3 \hat{=} 6 \cdot C_5$).

68 Bedeutung der Fotosynthese für die Organismen:
- Energiebindung: Umwandlung der Sonnenenergie in chemisch gebundene Energie (ATP)
- Stoffaufbau: Herstellung von Kohlenhydraten (Zucker) aus Kohlenstoffdioxid und Wasser unter Verwendung von ATP und reduktionsbereitem Wasserstoff ($NADPH/H^+$) als Basis für den Energie- und Baustoffwechsel aller Lebewesen.

- Bildung von Sauerstoff: Bei der Fotolyse des Wassers wird Sauerstoff als „Abfallprodukt" frei; er wird für die Atmung von Tieren und Pflanzen benötigt.

69 a In aerober Umgebung erfolgt Atmung mit einem Gewinn von 38 ATP. In anaerober Umgebung findet alkoholische Gärung statt, bei der nur 2 ATP gewonnen werden können. Die Endprodukte der Gärungen sind noch relativ energiereich: die in ihnen gespeicherte Energie kann nicht vollständig für den Organismus nutzbar gemacht werden. Für den gleichen Gewinn muss also unter anaeroben Bedingungen die neunzehnfache Menge Glucose verarbeitet werden bzw. bei der Verarbeitung der gleichen Menge an Glucose kann nur 1/19 der Energie genutzt werden. Die Gärungen sind in der Energiegewinnung daher wesentlich weniger effektiv als die Atmung.

b Die rationellere Energieausbeute durch Atmung ist wohl die Ursache dafür, dass sich dieser Vorgang im Laufe der Evolution bei allen höheren Organismen durchsetzte. Allerdings sind diese Organismen auf das Vorhandensein von Sauerstoff in der Umgebung angewiesen. Der große Vorteil der Gärung besteht darin, dass die betreffenden Organismen auch in sauerstofffreier Umgebung leben und wachsen können.

70 a Bei Sauerstoffmangel kann der Muskel durch Milchsäuregärung Energie gewinnen. Diese Form der Energiegewinnung ist zwar äußerst ineffektiv (statt 38 ATP bei Atmung nur 2 ATP), aber der Muskel kann für kurze Zeit trotz Sauerstoffdefizit weiterhin Leistung erbringen, d. h. eine Sauerstoffschuld eingehen. Die entstandene Milchsäure wird in der Regenerationsphase durch Atmung zu Kohlenstoffdioxid und Wasser abgebaut.

b $C_6H_{12}O_6 \longrightarrow 2\ C_3H_6O_3 + 2\ ATP$

71 a Herstellen einer Suspension aus Hefe, Wasser und Glucose, Verschluss des Gefäßes mit einem Gärröhrchen. Der Luftabschluss ist notwendig, da Hefen nur bei Sauerstoffmangel von der Zellatmung zur alkoholischen Gärung übergehen.

Die Wassermenge muss so bemessen sein, dass der Gehalt an Ethanol bei vollständiger Vergärung unter 16 bis 18 % bleibt, da Ethanol in höherer Konzentration die Hefen abtötet.

b $C_6H_{12}O_6 \longrightarrow 2\ CO_2 + 2\ C_2H_5OH + 2\ ATP$

c Bei der Veratmung von Glucose kann wesentlich mehr ATP gebildet werden (Zellatmung: 38 ATP/Glucose, Gärung 2 ATP/Glucose). Damit steht den Hefen mehr Energie für Wachstumsprozesse zur Verfügung und sie können schneller wachsen.

72 a Es erfolgt eine kontinuierliche Zunahme der Atmungstätigkeit mit steigender Temperatur (Anstieg der Atmungskurve). Im Gegensatz dazu verläuft die Fotosyntheserate im Bogen mit einem Optimum bei 25 °C.
Der Anstieg beider Kurven folgt der RGT-Regel. Während sich für die Fotosyntheserate bereits ab 25 °C die Enzymaktivierung bemerkbar macht, ist für die Atmungskurve das Maximum auf der oberen Kurve noch nicht erreicht.
Die Atmung ist unmittelbar lebensnotwendig – auch für Pflanzen. Sie muss bei erhöhter Temperatur sogar gesteigert werden, um der erhöhten Stoffwechseltätigkeit Rechnung zu tragen!
Dagegen kann ein Fotosynthesedefizit zu gegebener Zeit ausgeglichen werden.

b 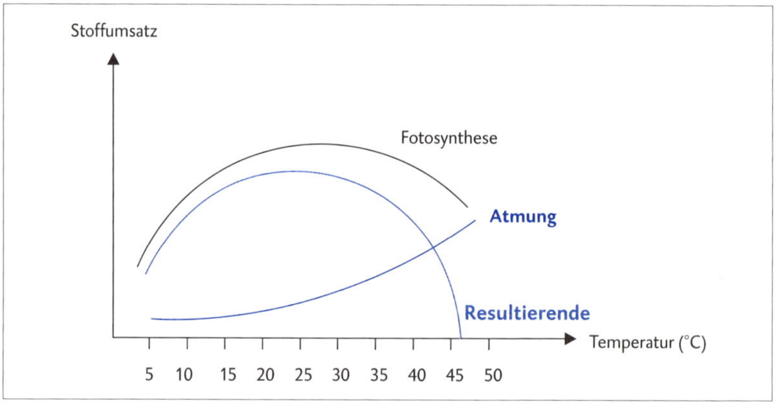

c Die Resultierende stellt die Differenz zwischen Fotosynthese und Atmung, also den Nettogewinn der Fotosynthese dar. Im Scheitelpunkt ist die Produktivität der Pflanze am größten (hier bei 23 °C).
Ins Defizit gerät die Pflanze, wo sich die Kurven aus Fotosynthese und Atmung schneiden; die Resultierende geht dabei auf null zurück (hier bei 47 °C).

73 • Biotop: Lebensraum einer bestimmten Gruppe von Pflanzen oder Tieren (Population)

- Biozönose: „Lebensgemeinschaft" aller Organismen eines bestimmten Lebensraumes
- Ökologische Nische: spezifische Umweltfaktoren, die eine Art (besser: Population) zum Überleben benötigt. Diese ergeben sich aus dem Zusammenwirken von Biotop und Biozönose.

74 Die ökologische Nische wird im Fall von Torfmoos, Kiefer und Rotbuche durch den pH-Wert und den Wassergehalt des Bodens bestimmt. Bezüglich beider Faktoren ist die Kiefer relativ anspruchslos. Zwischenartliche Konkurrenz erwächst ihr jedoch im stark sauren und nassen Bereich durch das Torfmoos, im neutralen bis alkalischen Bereich bei mäßiger Feuchtigkeit durch die Rotbuche (schnelleres Wachstum, Licht-Konkurrenz).
Die natürliche ökologische Nische ist daher für die Kiefer ein mittlerer bis hoher pH-Wert (neutraler bis alkalischer Bereich) bei großer oder geringer Feuchtigkeit – also der Bereich, in dem sie keine zwischenartliche Konkurrenz hat oder überlegen ist, und sei es durch Anspruchslosigkeit.

75 a Die theoretische Wachstumskurve der Bakterienpopulation verläuft exponentiell. Das heißt, dass nach 36 Stunden 108 Generationen und damit $2^{108} = 3{,}25 \cdot 10^{32}$ Individuen existieren würden.

b In Wirklichkeit erfolgt das Wachstum nur anfangs exponentiell. Mit der Zeit flacht die Wachstumskurve ab, die Individuenzahl nähert sich einem Grenzwert und verbleibt nun in einem angenäherten Gleichgewichtszustand.
Dafür verantwortlich sind insbesondere abiotische Faktoren wie die Größe des Biotops, das Klima und die Bodenbeschaffenheit, biotische Faktoren wie Nahrungsangebot und Feinde (z. B. Viren, Pilze) sowie innerartliche Konkurrenz.

76 Das Konkurrenzausschlussprinzip zwingt Eule und Mäusebussard in verschiedene ökologische Nischen, d. h. es kommt zu einer Verlagerung der Jagdaktivität auf bestimmte Zeiten. Der Mäusebussard ist tagaktiv, die Eule jagt nachts.

77 a Der Unterschied besteht im Vorhandensein von Verstecken (poröse Steine) für die Beute in Gefäß B.
Während bei A die anfänglich schnell wachsende Population durch Zugabe des Räubers mangels Zufluchtmöglichkeiten im eng begrenzten Gefäß schnell vernichtet wird, können bei B einige Paramecien dem Räuber im Versteck entkommen und sich nach dessen Absterben (durch Verhungern) ungestört vermehren.

b Nach der 1. und 2. volterraschen Regel sollte sich ein Gleichgewicht zwischen Räuber und Beute einstellen. Das Ergebnis sollten zwei Wachstumskurven sein, die mit phasenverschobenen Maxima jeweils um einen Durchschnittswert schwanken.

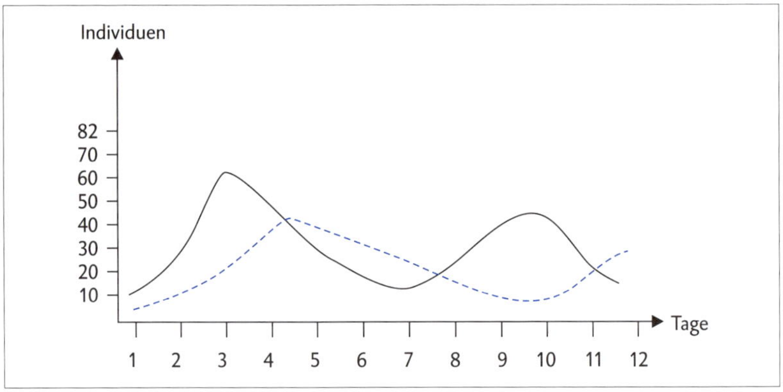

c Die *Didinium*-Population bricht in beiden Fällen zusammen, da der Lebensraum zu klein ist und keine Ab- und Zuwanderung erfolgen kann. Im ersten Fall wird die Beute durch die Räuber vollkommen vernichtet, in der Folge stirbt auch die Räuberpopulation. Im zweiten Gefäß entzieht sich die Beute erfolgreich dem Räuber, sodass dieser ebenfalls nicht überleben kann. Es kann sich in beiden Fällen kein Gleichgewicht zwischen Räuber und Beute einstellen.

d Es kommt zunächst zu einer starken Vermehrung der Pantoffeltierchen, da nur wenige Räuber vorhanden sind. Durch die Zunahme der Beutepopulation vermehren sich zeitversetzt auch die Räuber wieder (3. volterrasche Regel). Danach erfolgt die weitere Entwicklung wie oben beschrieben.

78 a

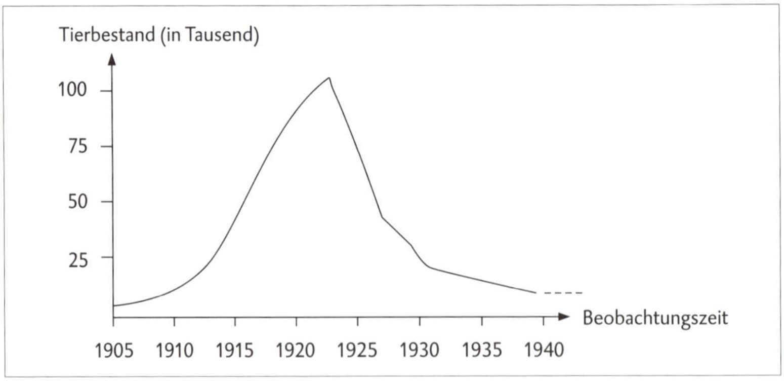

b Jagdschutz, fehlende natürliche Feinde und das reichliche Angebot an Pflanzennahrung ermöglichten eine starke Vermehrung. Die Folge war eine Überpopulation des Gebietes in Verbindung mit dem Absterben besonders der Jungtiere aufgrund von

- Nahrungsmangel,
- sozialem Stress durch räumliche Enge (wobei weniger bis keine Nachkommen gezeugt, geboren und großgezogen wurden),
- dichteabhängiger Ausbreitung von Krankheiten und damit einer größeren Sterblichkeitsrate etc.

79 a Der Artgenosse beansprucht die gleiche Nahrung, den gleichen Lebensraum und den gleichen Geschlechtspartner. Es bestehen also identische Wechselwirkungen mit Biotop und Biozönose.

b Koexistenzmöglichkeiten durch die Besetzung verschiedener ökologischer Nischen, z. B. bezüglich

- Ort der Nahrungssuche,
- Nahrungsgröße,
- unterschiedliche Zeiten der Nahrungssuche, Brut etc.

80 a Die Rolle, die ein Lebewesen im Ökosystem spielt, nennt man „ökologische Nische“. Durch „Einnischung“ entzieht sich das Lebewesen der zwischenartlichen Konkurrenz.

b Die drei Arten können nebeneinander in demselben Biotop existieren, da sie die Umweltbedingungen auf unterschiedliche Weise nutzen. In dem Beispiel kommt es zur Bildung von ökologischen Nahrungsnischen. Alle drei Arten sind Blattfresser. Sie schöpfen das Nahrungsangebot durch ihre unterschiedliche Körpergröße aus:
Giraffen: Blätter der Baumkronen
Gerenuk: Baum-, Strauchschicht
Dikdik: niedere Sträucher, Unterwuchs

81 a

Produzenten	Pflanzenfresser	Fleischfresser	Allesfresser
Wasserpflanze Phytoplankton	Zooplankton Mückenlarve	Frosch Ringelnatter Hecht Libellenlarve Gelbrandkäfer	Süßwasserpolyp Wasserschnecke Blässhuhn Karpfen Kaulquappe (je nach Entwicklungsstadium)

b *Beispiel*:
Wasserpflanze – Wasserschnecke – Frosch – Ringelnatter

c Ein Stoffkreislauf kann so nicht entstehen, denn es fehlen die Zersetzer, d. h. sowohl die Filtrierer (wie Tubifex, Teichmuschel) als auch die Bakterien als Mineralisierer.

82 a Veränderung des ursprünglichen Gleichgewichts durch zwei Faktoren:
- Einbürgerung eines neuen Beutetieres (Schneeschuhhase)
- Ausrottung eines Beutegreifers (Waldwolf)

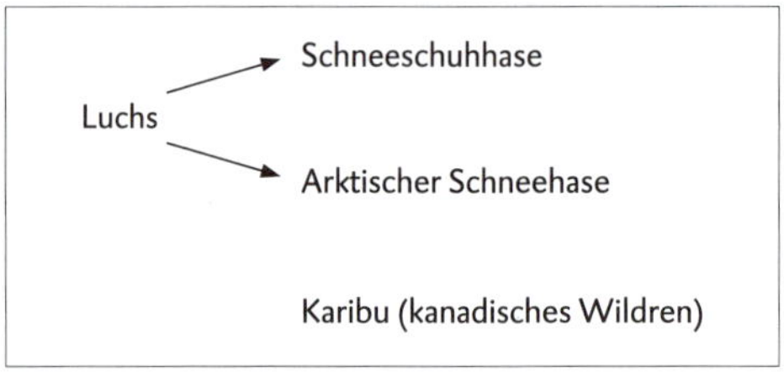

In der Folge haben sich die Populationsgrößen vermutlich wie folgt verändert:
- starke Zunahme des Karibu-Hirsches, da der Räuber Waldwolf ausgerottet wurde
- deutliche Zunahme des Luchses durch Wegfall des Nahrungskonkurrenten (Waldwolf) und Hinzukommen der zusätzlichen Beute (Schneeschuhhase)
- Die Schneehasenpopulation bleibt des trotz verminderten Jagddrucks durch die Menschen gleich groß, da gleichzeitig der sehr ähnliche Schneeschuhhase als Nahrungskonkurrent auftritt.

b Als die Population der Schneeschuhhasen um 1915 zusammenbrach (Nahrungsmangel, Krankheit, Stress durch Überbevölkerung), wechselten die Luchse auf Karibu-Kälber und wieder auf die arktischen Schneehasen über und dezimierten diese Beutetiere beträchtlich. Inzwischen hatten bei den Schneeschuhhasen die natürlichen periodischen Bestandsschwankungen eingesetzt, die einem dieser Art eigenen 10-Jahres-Rhythmus unterliegen. Bei jedem „Schneeschuhhasen-Maximum" schalteten die Luchse wieder auf diese Beute um. So übertrug sich die 10-Jahres-Periodik der Schneeschuhhasen auf die Karibus. Die Schneehasenpopulation sitzt in der von Räuber und Nahrungskonkurrenz geschaffenen Senke und bleibt damit klein.

83 Die Produzenten verwandeln mithilfe von Lichtenergie Kohlenstoffdioxid in Kohlenhydrate (organische Verbindungen). Diese werden z. T. von ihnen selbst sowie von den Konsumenten und Destruenten wieder zu

Kohlenstoffdioxid veratmet. Der dazu notwendige Sauerstoff fällt als „Abfallprodukt" bei der Fotosynthese an.

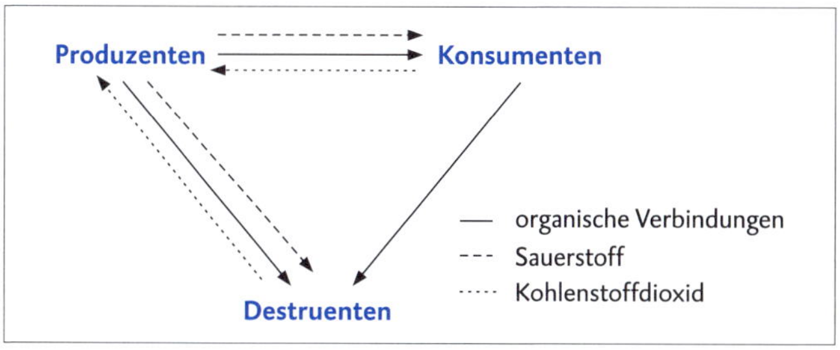

84 a In dem beschriebenen Ökosystem findet ein Stoff- und Energiefluss statt, da der Stoffkreislauf durch das Fehlen der Destruenten nicht geschlossen ist. Die vorhandenen Organismen bilden zwei teilweise miteinander vernetzte Nahrungsketten:

1. Trophieebene →	2. Trophieebene →	3. Trophieebene →	4. Trophieebene
Produzenten →	Konsumenten 1. Ordnung →	Konsumenten 2. Ordnung →	Konsumenten 3. Ordnung
→	Primär-konsumenten →	Sekundär-konsumenten →	Tertiär-konsumenten
Pflanzen →	Pflanzenfresser →	Fleischfresser →	Fleischfresser
Wasserpflanzen →	Schnecken →	Fische	
Grünalgen →	Wasserflöhe →	Schnecken →	Fische

Der Energiefluss entspricht hier dem Materiefluss, wobei der nächsten Trophieebene jeweils nur der Anteil zur Verfügung steht, der nicht für die eigene Energiegewinnung verbraucht wurde oder als Wärme verloren ging.

b Wechselwirkungen mit der Umwelt:

- Aufnahme von Lichtenergie (Pflanzen)
- Gasaustausch (Sauerstoff, Kohlenstoffdioxid – alle Lebewesen).
- Wärmeaustausch (alle Lebewesen).

85 a intensiver Eingriff: Hering, Kabeljau, Plattfische, Sardelle, Thunfisch, Wal

geringer Eingriff: Krebse, Krill, Muscheln, Tintenfische

b Beim Ausfall eines Nahrungsgliedes vermehrt sich die jeweilige Beute übermäßig und dezimiert so ihr eigenes Nahrungsangebot (Folge: Tod durch Nahrungsmangel). Der Fressfeind verhungert oder weicht auf ähnliche Beute aus, die damit überstark bejagt ist.

Der intensive Eingriff des Menschen an einer Stelle hat Auswirkungen auf das gesamte Nahrungsnetz. Je vernetzter jedoch die Nahrungsbeziehungen sind, desto schwächer wirkt sich der Wegfall eines Glieds aus einer Nahrungskette aus.

86 a Horizontal ist zu unterscheiden zwischen Litoral (Uferbereich) und Pelagial (Freiwasserzone). Vertikal gliedert sich der See in

- Epilimnion (Deckschicht),
- Metalimnion (Sprungschicht),
- Hypolimnion (Tiefenschicht),
- Benthal (Seeboden).

(Schema siehe Abb. 55, S. 125)

b
- Uferbereich: Licht reicht bis zum Boden; Pflanzengürtel mit artenreicher Tierwelt, insbesondere das Schilf ist Nistplatz für Vögel.
- Deckschicht: sauerstoff- und nährstoffreich; jahreszeitabhängig; neben Schwimmpflanzen vor allem Planktonalgen; Hauptmasse der Kleintiere (Zooplankton) und Fische (Nekton)
- Sprungschicht: nur wenige Meter dick; sprunghaftes Absinken von Sauerstoffgehalt und Temperatur
- Tiefenschicht: gleich bleibende Temperatur (4 °C); kein Licht; sauerstoffarm; als Zehrschicht bezeichnet, da Konsumenten und Destruenten durch Wind und absinkendes Plankton eingebrachte Nährstoffe und Sauerstoff verbrauchen
- Seeboden: von Seetiefe und Sauerstoffreserve abhängige Besiedlungsdichte an Wirbellosen, aeroben und/oder anaeroben Bakterien

87 Das Metalimnion bildet im Sommer die Grenze zwischen Oberflächen- und Tiefenwasser. Hier endet die durch den Wind bewirkte Durchmischung des Wassers und damit die vertikale Wärme- und Sauerstoffverteilung. Ursache für das „sprunghafte" Absinken von Temperatur und Sauerstoffgehalt ist die Dichteanomalie des Wassers: Das Tiefenwasser hat mit 4 °C die größte Dichte. Da Oberflächenwasser leichter (weniger dicht) ist, erfolgt ohne Wind kein Absinken in die Tiefe und damit auch kein noch so langsamer Wärme- und Sauerstofftransport in der Grenzschicht.

88 Eine Vollzirkulation (Herbst, Frühling) erfolgt nur bei einer einheitlichen Temperatur von 4 °C; bei erhöhter Temperatur sind also ständige Stagnation und damit permanenter Sauerstoffmangel im Tiefenwasser zu

erwarten. Auch im Oberflächenwasser ist weniger Sauerstoff gebunden, da sich die Sauerstofflöslichkeit umgekehrt proportional zur Wassertemperatur verhält. Zusätzlich werden durch die höheren Temperaturen alle Stoffwechselprozesse schneller ablaufen. Der daraus resultierende Mangel an Sauerstoff bewirkt über Fäulnisprozesse den Tod der Lebewesen („Umkippen" des Sees).

89 Ein naturnaher See ist oligotroph (nährstoffarm); der Umsatz von Biomasse ist gering. Ein hoher Sauerstoffgehalt ermöglicht die schnelle Oxidation und Zersetzung der eingebrachten Laubmengen durch aerobe Bakterien in unschädliche Stoffe. Der Großteil des beim Abbau der Biomasse entstehenden Phosphats wird durch Eisenionen im Sediment gebunden, da durch Turbulenzen und Zirkulation des Wassers genügend Sauerstoff in die Zehrschicht gelangt. Wenig gelöstes Phosphat wirkt wachstumsbegrenzend auf das Phytoplankton, es entsteht trotz eingeschwemmter Nährstoffe keine „Algenblüte". Damit ist im oligotrophen See in relativ kurzer Zeit das biologische Gleichgewicht wiederhergestellt.

90 Gelangen zu viel organisches Material oder Düngemittel wie Phosphate und Nitrate in ein Gewässer, z. B. beim Einleiten von ungeklärten Abwässern oder Düngemitteln, kann der See sich nicht mehr selbst reinigen, er wird eutrophiert.
Durch die zusätzlichen Nährstoffe setzt eine starke Vermehrung der Wasserpflanzen und des Phytoplanktons ein. Das erhöhte Nahrungsangebot für Zooplankton und die übrigen Pflanzenfresser ist damit optimal, sie vermehren sich ebenfalls und verbrauchen einen Großteil des Sauerstoffs. Abgestorbene Produzenten und Konsumenten sinken in die Tiefenschicht ab, wo sie von aeroben Destruenten unter Sauerstoffverbrauch abgebaut werden. Es kommt zu einem immer stärkerem Sauerstoffschwund in den Tiefen des Gewässers. Ist wenig Sauerstoff vorhanden, löst sich das im Sediment gebundene Phosphat und die freien Phosphationen fördern zusätzlich das Pflanzenwachstum.
Schließlich sind nur noch anaerobe Abbauprozesse möglich. Giftige Stoffwechselprodukte töten im Extremfall schließlich alle anderen Lebewesen im See.

91 Zunächst kommt es zu einer Vermehrung der Produzenten, da Phosphat normalerweise der Minimumfaktor für Wachstum und Vermehrung ist. Daraus folgt eine stärkere Vermehrung der Konsumenten – also ein „höherer Fischertrag" – und der Destruenten. Ob es zur Eutrophierung

kommt, hängt nicht nur von der (hier „nicht zu hohen") Mineralsalzzufuhr ab, sondern vor allem vom Sauerstoffgehalt des Wassers. Da ein Fischteich relativ flach ist und wohl auch gut durchlüftet wird, dürfte kaum Eutrophierung eintreten.

92 Kommunale Kläranlagen haben keine Möglichkeit zur aktiven Beseitigung von Schwermetallsalzen, selbst wenn eine chemische Reinigungsstufe eingebaut ist. Die Salze werden zwar teilweise von den Mikroorganismen der biologischen Reinigungsstufe aufgenommen; der größere Anteil durchläuft jedoch die Kläranlage und wird wieder in das natürliche Gewässer eingeleitet. Dort kommt es zur Anreicherung im Verlauf der Nahrungskette und damit zu einer Gefährdung des Menschen beim Verzehr verseuchter Fische.
Die im Belebtschlamm gebundenen Schwermetalle gelangen als „Dünger" auf die Felder. Sie erreichen – ebenfalls angereichert über die Nahrungskette – den Menschen entweder direkt oder werden mit dem Regen in die Gewässer eingeschwemmt.

93 Faktoren, die die Selbstreinigungskraft eines Gewässers stark beeinträchtigen:

- Eintrag von stickstoffhaltigen Substanzen in das Gewässer, z. B. Gülle (Nitrate, Ammoniumsalze) oder Phosphate. In diesen Fällen kommt es zu vermehrtem Pflanzenwachstum. Wenn die Pflanzen absterben, reicht der Sauerstoff für die Aktivität der Destruenten nicht mehr aus.
- Eine Erwärmung des Gewässers führt zu Sauerstoffverlust. In sauerstoffarmem Wasser wandelt sich unlösliches Eisen(III)phosphat in lösliches Eisen(II)phosphat um. Die Phosphationen stehen dann wieder für das Wachstum der Pflanzen zur Verfügung (s. o.).

94 Klärschlamm entsteht durch die Zersetzung und Ausflockung organischer Stoffe im Wasser durch aerobe Destruenten. Klärschlamm enthält heutzutage meist giftige Schwermetalle, die einen Einsatz als Düngemittel unmöglich machen.

95 Fällung von Phosphaten, Neutralisierung von Säuren und Laugen

96 Monokulturen sind als instabile, genetisch einheitliche Pflanzengesellschaften sehr anfällig für Schadinsekten, Krankheiten und Witterungseinflüsse (Wind- und Wassererosion). Die Gleichförmigkeit der Vegetation verhindert die Ausbildung verschiedener ökologischer Nischen und führt zu Artenarmut. Die starke Vermehrung der verbleibenden Arten lässt

diese häufig zu Schädlingen/Unkräutern werden. Der natürliche Stoffkreislauf ist durch den Abtransport der geernteten Biomasse unterbrochen. In der Folge müssen Biozide und Mineraldünger eingesetzt werden.

97 Als Schädlinge/Unkräuter bezeichnet der Mensch Tiere/Pflanzen, die ihn direkt oder über seine Nutztiere/Nutzpflanzen beeinträchtigen. Kennzeichnend sind das massenhafte Auftreten der Schädlinge/Unkräuter und der damit verbundene wirtschaftliche Schaden. Zur Erhaltung des biologischen Ungleichgewichts der Monokulturen werden Maßnahmen der Unkraut- und Schädlingsbekämpfung notwendig.
Ursache ist die Monokultur selbst, d. h. der Anbau einer einzigen Pflanzenart auf einer weiträumigen Nutzfläche. Dazu musste der Mensch ein Stück des natürlichen Ökosystems (Wald, Wiese) von allen standortgemäßen Pflanzen befreien. Zugunsten seiner Nutzpflanze verhindert er die natürliche Sukzession, indem er „Unkräuter" (nicht brauchbare Pflanzen) vernichtet; gleichzeitig lockt das konzentrierte Nahrungsangebot Konkurrenten (Schädlinge) an, derer der Mensch sich erwehren muss, um sich selbst den Ernteertrag zu sichern.

98 Nachteile der chemischen Schädlingsbekämpfung:
- Pestizide reichern sich in Nahrungsketten an und gelangen so auch in die menschliche Nahrung.
- Andauernder Pestizideinsatz führt zu Ausbildung von Resistenz bei den Schädlingen.
- Pestizide wirken nicht artspezifisch.
- Der Pestizideinsatz trifft nicht nur Schädlinge, sondern auch Nützlinge, z. B. die natürlichen Feinde über die Nahrungskette.
- Nach einer Dezimierung von Beute (Schädling) und Räuber (natürlicher Feind) vermehren sich die Beutetiere schneller als die Räuber.

Auf lange Sicht ist also eine Niederlage zu erwarten. Die oben genannnten Nachteile werden bei der biologischen Schädlingsbekämpfung vermieden. Diese sorgt durch den Einsatz von natürlichen Feinden für ein gesundes Gleichgewicht zwischen Schädlingen und Nützlingen. Die integrierte Schädlingsbekämpfung kombiniert schließlich die unterschiedlichen Methoden, um die jeweiligen Vorteile zu nutzen und die Nachteile zu minimieren. Ziel ist eine wirksame Schädlingsbekämpfung bei möglichst geringer Umweltbelastung (siehe Antwort 102).

99 Gegen den Einsatz von Kunstdünger sprechen folgende Fakten:
- Kunstdünger ist in der Herstellung sehr energieaufwändig.

- Bei der Produktion von Kunstdünger werden riesige Mengen von Rohstoffen verbraucht.
- Kunstdünger kann mit dem Regen leicht ausgewaschen werden und so in Bäche, Flüsse und Seen oder ins Grundwasser gelangen. Gefahr der Eutrophierung!
- Da industriell hergestellter Kunstdünger immer mit anderen Chemikalien verunreinigt ist, besteht die Gefahr von Rückstandsbildungen im Boden.

100 Vorteile des biologisch-ökologischen Landbaus:
- Durch den Verzicht auf Kunstdünger werden die Nachteile vermieden, die in Antwort 99 angeführt sind.
- Durch den Verzicht auf chemische Schädlingsbekämpfungsmittel werden die Nachteile vermieden, die in Antwort 98 aufgeführt sind.
- Durch den Verzicht auf Antibiotika, Hormone und Wuchsstoffe treten keine Rückstände in der Nahrung auf.
- Eine abwechslungsreiche Kulturlandschaft ist eine wichtige Voraussetzung für intakte Biozönosen.

Biologischer Landbau fördert
- eine natürliche Zusammensetzung des Bodens,
- Unterschlupfmöglichkeiten und Verstecke für Tiere,
- die Artenvielfalt,
- die Widerstandskraft der Pflanzen gegenüber Naturkatastrophen.

Biologischer Landbau verhindert
- eine rasche Schädlingsausbreitung,
- die rasche Ausbreitung von Resistenzen, z. B. gegen Biozide,
- die rasche Austrocknung des Bodens und Winderosion.

101 Biologische Schädlingsbekämpfung
- ermöglicht Selektivität in der Bekämpfung,
- schont die natürlichen Feinde des Schädlings und die Nützlinge,
- wirft keine Rückstandsprobleme auf und
- fördert die Mechanismen der Selbstregulation.

102 a Unter integriertem Pflanzenschutz versteht man eine sinnvolle und ausgewogene Kombination von physikalischer, biologischer und chemischer Schädlingsbekämpfung, wobei die chemische Schädlingsbekämpfung einen möglichst geringen Anteil haben soll. Auf diese Weise wird die Umweltbelastung in Grenzen gehalten. Im Vordergrund stehen die Züchtung von schädlingsresistenten Rassen, eine

wohl überlegte Standortwahl und eine ausgewogene Düngung ohne Kunstdüngereinsatz.

b Integrierter Pflanzenschutz ist nicht wie die chemische und biologische Bekämpfung eine Reaktion auf bereits erfolgten Schädlingsbefall, sondern versucht, die Nutzpflanzen auf „natürlichem“ Weg vor Krankheiten und Schädigungen zu schützen, also einem Schädlingsbefall vorzubeugen. Dies ist nicht nur ökonomischer, sondern auch ökologischer als bisherige Schädlingsbekämpfungspraktiken.

103 Maßnahmen im Sinne eines integrierten Pflanzenschutzes:
- Wahl eines geeigneten Standortes (für Rosen sonnig warm)
- Auswahl eines geeigneten Bodens (für Rosen lehmig mit hohem Nährstoffgehalt)
- Sortenwahl im Hinblick auf Resistenz gegenüber Blattläusen (z. B. verstärkte Kuitkula)
- Schutz und Förderung der natürlichen Feinde der Blattlaus (Marienkäfer und Florfliege)
- beim massenhaften Auftreten von Blattläusen (Überschreitung der Schadensschwelle) Einsatz eines Insektizides mit schmalem Wirkungsspektrum (nur gegen saugende Insekten)

104 Saurer Regen entsteht aus der Reaktion von Schwefeldioxid oder Stickstoffoxiden mit Wasser. Dabei bilden sich schweflige Säure, Schwefelsäure, salpetrige Säure und Salpetersäure.
Die wichtigsten Gegenmaßnahmen sind:
- Einbau von Katalysatoren in Kraftfahrzeuge
- Verwendung von schwefelarmen Heiz- und Treibstoffen
- stärkerer Einsatz von Erdgas (Methan) zur Energiegewinnung
- Reinigung der Rauchgase von Heiz- und Kohlekraftwerken mit Calciumhydroxid

105 In der Luft von Großstädten befinden sich viele Staubteilchen, die als Kondensationskerne für Säuren dienen. Es bilden sich ganz feine Säuretröpfchen, z. B. von Salpetersäure. Salpetersäure entsteht wiederum durch die Reaktion von Stickstoffoxiden mit der Luftfeuchtigkeit. Stickstoffoxide sind in den Auspuffgasen der Kraftfahrzeuge enthalten. Der Smog tritt im Sommer häufiger auf als im Winter, weil es im Sommer oft Inversionswetterlagen gibt (Warmluft liegt über Kaltluft), in denen kein Luftaustausch stattfindet. Bei derartigen Wetterlagen nimmt die Konzentration von Staub und Stickstoffoxiden über Großstädten besonders stark zu.

Literatur- und Quellenverzeichnis

Akademie für Lehrerfortbildung: Akademiebericht Nr. 34, Stoffwechselphysiologie und Ökologie. Dillingen 1979
Baufeld, R. *et al.*: Gentechnologie (Unterrichtsmaterialien). Lichtenau und Göttingen: AOL-Verlag und Verlag Die Werkstatt 1992
Bergerud, A. T. : Die Populationsdynamik von Räuber und Beute, Spektrum der Wissenschaft. Heft 2/1984, S. 46 – 54
Buddecke, E.: Grundriß der Biochemie. Berlin: Walter de Gruyter [3]1973
Daumer, K.: Genetik. Reihe Biologie für die Sekundarstufe II; München: Bayerischer Schulbuchverlag [3]1978
Ditfurth, H. v.: „Die Marionetten der Gene"; in: GEO Heft 5/1983
Egle, K.: „Photosynthese"; in: Molekularbiologie (hrsg. v. T. Wieland, G. Pfleiderer). Frankfurt/Main 1967
Engelhardt, W.: Umweltschutz. München: Bayerischer Schulbuchverlag [3]1977
Grassen, H. G., Martin, A., Sachse, G.: Der Stoff, aus dem die Gene sind. München: J. Schweitzer Verlag 1986
Grzimek, B. (Hrsg.): Grzimeks Tierleben. München: Deutscher Taschenbuch Verlag 1979
Hafner, L., Philipp, E. : Ökologie. Hannover: Schroedel Verlag 1978
Henschel, U.: „Räuber auf Bestellung"; in: GEO Heft 6/1983
Heß, D.: „Vererbung"; in: Das Leben: Reihe Wissen im Überblick. Freiburg: Herder 1971
Huxley, A.: Schöne neue Welt. Frankfurt: Fischer 1978
Institut für Film und Bild in Wissenschaft und Unterricht. Beihefte zu den Bildreihen R 2020 und R 2055
Jahn, I., Löther, R., Senglaub, K.: Geschichte der Biologie. Jena: Gustav Fischer Verlag 1985
Kaudewitz, F.: Molekular- und Mikrobengenetik. Berlin, Heidelberg: Springer 1973
Knievel, F.: Meiose – Haplomitose einer diploiden Zelle. Praxis der Naturwissenschaften (Biologie), Heft 8/34 (1985) Köln: Aulis Verlag Deubner & Co
Knodel, H., Krull, U. : Ökologie und Umweltschutz. Stuttgart: Metzler Verlag 1978
Kull, H., Knodel, H.: Genetik und Molekularbiologie; Studienreihe Biologie Bd. 1. Stuttgart: J. B. Metzlersche Verlagsbuchhandlung [2]1980
Lehninger, A.: Biochemie. Weinheim: Verlag Chemie [2]1979
Mielke, H. J.: Umweltschutz von A–Z. Köln: Aulis Verlag Deubner & Co 1979
Murken, J.-D., Cleve, H. : Humangenetik. Enke-Reihe zur AO(Ä). Stuttgart: Ferdinand Enke [3]1984
Richter, G.: Stoffwechselphysiologie der Pflanzen. Stuttgart: Thieme Verlag 1969
Reckeweg, H.-H.: Homotoxikologie. Baden-Baden: Aurelia [2]1976
Sitte, P., Falk, H.: Das Rätsel der Gen-Verdoppelung. Biologie in unserer Zeit, Heft 2/3 (1973). Weinheim/Bergstraße: Verlag Chemie
Sorbe, D.: Genetisch manipulierte Bakterien produzieren Humaninsulin; in: Praxis der Naturwissenschaften (Biologie), Heft 2/36 (1987). Köln: Aulis-Verlag Deubner & Co
Strasburger: Lehrbuch der Botanik. Stuttgart: G. Fischer Verlag [31]1978
Vogel, G., Siebert, B.: Phenylketonurie – eine erblich bedingte Stoffwechselanomalie; in: Praxis der Naturwissenschaften (Biologie); Heft 6/30 (1981). Köln: Aulis Verlag Deubner & Co.

Kapitelbild 1: Teichmann, E.: Die Vererbung als erhaltende Macht im Flusse organischen Geschehens, Franckh'sche Verlagshandlung, Kosmos, Stuttgart, 17. Auflage 1908
Kapitelbild 3: © dreamstime.com; Jack Schiffer (Mitte), Graça Victoria (rechts)
Kapitelbild 4: © F. Hinz, AWI

Stichwortverzeichnis

(Bitte blättern Sie um)